U0208582

华夏文明之源

玉 | 帛 | 之 | 路

YUZHIGE

玉之格

徐永盛 / 著

甘肃人民出版社

图书在版编目（ＣＩＰ）数据

玉之格 / 徐永盛著. -- 兰州 ： 甘肃人民出版社，
2015.10
（华夏文明之源·历史文化丛书）
ISBN 978-7-226-04845-0

Ⅰ．①玉… Ⅱ．①徐… Ⅲ．①玉石－文化－中国
Ⅳ．①TS933.21

中国版本图书馆CIP数据核字（2015）第237589号

出 版 人：吉西平
责任编辑：李依璇
美术编辑：马吉庆

玉之格

徐永盛 著

甘肃人民出版社出版发行
（730030 兰州市读者大道 568 号）
甘肃新华印刷厂印刷
开本787毫米×1092毫米 1/16 印张17 插页2 字数219千
2015年10月第1版 2015年10月第1次印刷
印数：1~3 000
ISBN 978-7-226-04845-0 定价：38.00元

华夏文明之源

《华夏文明之源·历史文化丛书》
编 委 会

总　序

华夏文明是世界上最古老的文明之一。甘肃作为华夏文明和中华民族的重要发祥地，不仅是中华民族重要的文化资源宝库，而且参与谱写了华夏文明辉煌灿烂的篇章，为华夏文明的形成和发展做出了重要贡献。甘肃长廊作为古代西北丝绸之路的枢纽地，历史上一直是农耕文明与草原文明交汇的锋面和前沿地带，是民族大迁徙、大融合的历史舞台，不仅如此，这里还是世界古代四大文明的交汇、融合之地。正如季羡林先生所言："世界上历史悠久、地域广阔、自成体系、影响深远的文化体系只有四个：中国、印度、希腊、伊斯兰，再没有第五个；而这四个文化体系汇流的地方只有一个，就是中国的敦煌和新疆地区，再没有第二个。"因此，甘肃不仅是中外文化交流的重要通道、华夏的"民族走廊"（费孝通）和中华民族重要的文化资源宝库，而且是我国重要的生态安全屏障、国防安全的重要战略通道。

自古就有"羲里"、"娲乡"之称的甘肃，是相传中的人文始祖伏羲、女娲的诞生地。距今8000年的大地湾文化，拥有6项中国考古之最：中国最早的旱作农业标本、中国最早的彩陶、中国文字最早的雏形、中国最早的宫殿式建筑、中国最早的"混凝土"地面、中国最早的绘画，被称为"黄土高原上的文化奇迹"。兴盛于距今4000—5000年之间的马家窑彩陶文化，以其出土数量最多、造型最为独特、色彩绚丽、纹饰精美，代表了中国彩陶艺术的最高成就，达到了世界彩陶艺术的巅峰。马家窑文化林家遗址出土的青铜刀，被誉为"中华第一刀"，将我国使用青铜器的时间提早到距今5000年。从马家窑文化到齐家文化，甘肃成为中国最早从事冶金生产的重要地区之一。不仅如此，大地湾文化遗址和马家窑文化遗址的考古还证明了甘肃是中国旱作农业的重要起源地，是中亚、西亚农业文明的交流和扩散区。"西北多民族共同融合和发展的历史可以追溯到甘肃的史前时期"，甘肃齐家文化、辛店文化、寺洼文化、四坝文化、沙井文化等，是"氐族、西戎等西部族群的文化遗存，农耕文化和游牧文化在此交融互动，形成了多族群文化汇聚融合的格局，为华夏文明不断注入新鲜血液"（田澍、雍际春）。周、秦王朝的先祖在甘肃创业兴邦，最终得以问鼎中原。周先祖以农耕发迹于庆阳，创制了以农耕文化和礼乐文化为特征的周文化；秦人崛起于陇南山地，将中原农耕文化与西戎、北狄等族群文化交融，形成了农牧并举、华戎交汇为特征的早期秦文化。对此，历史学家李学勤认为，前者"奠定了中华民族的礼仪与道德传统"，后者"铸就了中国两千多年的封建政治、经济和文化格局"，两者都为华夏文明的发展产生了决定性的影响。

自汉代张骞通西域以来，横贯甘肃的"丝绸之路"成为中原联系西域和欧、亚、非的重要通道，在很长一个时期承担着华夏文明与域外文明交汇、融合的历史使命。东晋十六国时期，地处甘肃中西部的河西走廊地区曾先后有五个独立的地方政权交相更替，凉州（今武威）成为汉文化的三个中心之一，"这一时期形成的五凉文化不仅对甘肃文化产生过深刻影响，而且对南北朝文化的兴盛有着不可磨灭的功绩"（张兵），并成为隋唐制度文化的源头之一。甘肃的历史地位还充分体现在它对华夏文明存续的历史贡献上，历史学家陈寅恪在《隋唐制度渊源略论稿》中慨叹道："西晋永嘉之乱，中原魏晋以降之文化转移保存于凉州一隅，至北魏取凉州，而河西文化遂输入于魏，其后北魏孝文宣武两代所制定之典章制度遂深受其影响，故此（北）魏、（北）齐之源其中亦有河西之一支派，斯则前人所未深措意，而今日不可不详论者也。""秦凉诸州西北一隅之地，其文化上续汉、魏、西晋之学风，下开（北）魏、（北）齐、隋、唐之制度，承前启后，继绝扶衰，五百年间延绵一脉"，"实吾国文化史之一大业"。魏晋南北朝民族大融合时期，中原魏晋以降的文化转移保存于江东和河西（此处的河西指河西走廊，重点在河西，覆盖甘肃全省——引者注），后来的河西文化为北魏、北齐所接纳、吸收，遂成为隋唐文化的重要来源。因此，在华夏文明曾出现断裂的危机之时，河西文化上承秦汉下启隋唐，使华夏文明得以延续，实为中华文化传承的重要链条。隋唐时期，武威、张掖、敦煌成为经济文化高度繁荣的国际化都市，中西方文明交汇达到顶峰。自宋代以降，海上丝绸之路兴起，全国经济重心遂向东、向南转移，西北丝绸之路逐渐走过了它的繁盛期。

"丝绸之路三千里，华夏文明八千年。"这是甘肃历史悠久、文化厚重的生动写照，也是对甘肃历史文化地位和特色的最好诠释。作为华夏文明的重要发祥地，这里的历史文化累积深厚，和政古动物化石群和永靖恐龙足印群堪称世界瑰宝，还有距今 8000 年的大地湾文化、世界艺术宝库——敦煌莫高窟、被誉为"东方雕塑馆"的天水麦积山石窟、藏传佛教格鲁派六大宗主寺之一的拉卜楞寺、"天下第一雄关"嘉峪关、"道教名山"崆峒山以及西藏归属中央政府直接管理历史见证的武威白塔寺、中国旅游标志——武威出土的铜奔马、中国邮政标志——嘉峪关出土的"驿使"等等。这里的民族民俗文化绚烂多彩，红色文化星罗棋布，是国家 12 个重点红色旅游省区之一。现代文化闪耀夺目，《读者》杂志被誉为"中国人的心灵读本"，舞剧《丝路花雨》《大梦敦煌》成为中华民族舞剧的"双子星座"。中华民族的母亲河——黄河在甘肃境内蜿蜒 900 多公里，孕育了以农耕和民俗文化为核心的黄河文化。甘肃的历史遗产、经典文化、民族民俗文化、旅游观光文化等四类文化资源丰度排名全国第五位，堪称中华民族文化瑰宝。总之，在甘肃这片古老神奇的土地上，孕育形成的始祖文化、黄河文化、丝绸之路文化、敦煌文化、民族文化和红色文化等，以其文化上的混融性、多元性、包容性、渗透性，承载着华夏文明的博大精髓，融汇着古今中外多种文化元素的丰富内涵，成为中华民族宝贵的文化传承和精神财富。

甘肃历史的辉煌和文化积淀之深厚是毋庸置疑的，但同时也要看到，甘肃仍然是一个地处内陆的西部欠发达省份。如何肩负丝绸之路经济带建设的国家战略、担当好向西开放前沿的国家使命？如何充分利用国家批复的甘肃省建设华夏文明传承创新区这一文化发展战略平台，推动甘肃文化的大发展大繁荣和经济社会的转型发展，成为甘肃面临的新的挑战和机遇。目前，甘肃已经将建设丝绸之路经济带"黄金段"与建设华夏文明传承创新区统筹布局，作为探索经济欠发达但文化资源富集地区的发展新路。如何通过华夏文明传承创新区的建设使华夏的优秀文化传统在现代语境中得以激活，成为融入现代化进程的"活的文化"，甘肃省委书记王三运指出，华夏文明的传承保护与创新，实际上是我国在走向现代化过程中如何对待传统文化的问题。华夏文明传承创新区的建设能够缓冲迅猛的社会转型对于传统文化的冲击，使传统文化在保护区内完成传承、发展和对现代化的适应，最终让传统文化成为中国现代化进程中的"活的文化"。因此，华夏文明传承创新区的建设原则应该是文化与生活、传统与现代的深度融合，是传承与创新、保护与利用的有机统一。要激发各族群众的文化主体性和文化创造热情，抓住激活文化精神内涵这个关键，真正把传承与创新、保护与发展体现在整个华夏文明的挖掘、整理、传承、展示和发展的全过程，实现文化、生态、经济、社会、政治等统筹兼顾、协调发展。华夏文化是由我国各族人民创造的"一体多元"的文化，形式是多样的，文化发展的谱系是多样的，文化的表现形式也是多样的，因此，要在理论上深入研究华夏文化与现代文化、与各民族文化之间的关系以及华夏文化现代化的自身逻辑，让各族文化在符合自身逻辑的基础上实现现代化。要高度重视生态环境保护和文化生态保护的问题，在华夏文明传承创新区中设立文化生态保护区，实现文化传承保护的生态化，避免文化发展的"异化"和过度开发。坚决反对文化保护上的两种极端倾向：为了保护而保护的"文化保护主义"和一味追求经济利益、忽视文化价值实现的"文化经济主义"。在文化的传承创新中要清醒地认识到，华夏传统文化具有不同层次、形式各样的价值，建立华夏文明传承创新区不是在中华民族现代化的洪流中开辟一个"文化孤岛"，而是通过传承创新的方式争取文化发展的有利条件，使华夏文化能够在自身特性的基础上，按照自身的文化发展逻辑实现现代化。要以社会主义核心价值体系来总摄、整合和发展华夏文化的内涵及其价值观念，使华夏的优秀文化传统在现代语境中得到激活，尤其是文化精神内涵得到激活。这是对华夏文明传承创新的理性、科学的文化认知与文化发展观，这是历史意识、未来眼光和对现实方位准确把握的充分彰显。我们相信，立足传承文明、创新发展的新起点，随着建设丝绸之路经济带国家战略的推进，甘肃一定会成为丝绸之路经济带的"黄金段"，再次肩负起中国向西开放前沿的国家使命，为中华文明的传承、创新与传播谱写新的壮美篇章。

正是在这样的历史背景下，读者出版传媒股份有限公司策划出版了这套《华夏文明之源·历史文化丛书》。"丛书"以全新的文化视角和全球化的文化视野，深入把握甘肃与华夏文明史密切相关的历史脉络，充分挖掘甘肃历史进程中与华夏文明史有密切关联的亮点、节点，以此探寻文化发展的脉络、民族交融的驳杂色彩、宗教文化流布的轨迹、历史演进的关联，多视角呈现甘肃作为华夏文明之源的文化独特性和杂糅性，生动展示绚丽甘肃作为华夏文明之源的深厚历史文化积淀和异彩纷呈的文化图景，形象地书写甘肃在华夏文明史上的历史地位和突出贡献，将一个多元、开放、包容、神奇的甘肃呈现给世人。

按照甘肃历史文化的特质和演进规律以及与华夏文明史之间的关联，"丛书"规划了"陇文化的历史面孔、民族与宗教、河西故事、敦煌文化、丝绸之路、石窟艺术、考古发现、非物质文化遗产、河陇人物、陇右风情、自然物语、红色文化、现代文明"等13个板块，以展示和传播甘肃丰富多彩、积淀深厚的优秀文化。"丛书"将以陇右创世神话与古史传说开篇，让读者追寻先周文化和秦早期文明的遗迹，纵览史不绝书的五凉文化，云游神秘的河陇西夏文化，在历史的记忆中描绘华夏文明之源的全景。随"凿空"西域第一人张骞，开启"丝绸之路"文明，踏入梦想的边疆，流连于丝路上的佛光塔影、古道西风，感受奔驰的马蹄声，与行进在丝绸古道上的商旅、使团、贬谪的官员、移民擦肩而过。走进"敦煌文化"的历史画卷，随着飞天花雨下的佛陀微笑在沙漠绿洲起舞，在佛光照耀下的三危山，一起进行千佛洞的千年营建，一同解开藏经洞封闭的千年之谜。打捞"河西故事"的碎片，明月边关的诗歌情怀让人沉醉，遥望远去的塞上烽烟，点染公主和亲中那历史深处的一抹胭脂红，更觉岁月沧桑。在"考古发现"系列里，竹简的惊世表情、黑水国遗址、长城烽燧和地下画廊，历史的密码让心灵震撼；寻迹石上，在碑刻摩崖、彩陶艺术、青铜艺术面前流连忘返。走进莫高窟、马蹄寺石窟、天梯山石窟、麦积山石窟、炳灵寺石窟、北石窟寺、南石窟寺，沿着中国的"石窟艺术"长廊，发现和感知石窟艺术的独特魅力。从天境——祁连山走入"自然物语"系列，感受大地的呼吸——沙的世界、丹霞地貌、七一冰川，阅读湿地生态笔记，倾听水的故事。要品味"陇右风情"和"非物质文化遗产"的神奇，必须一路乘坐羊皮筏子，观看黄河水车与河道桥梁，品尝牛肉面的兰州味道，然后再去神秘的西部古城探幽，欣赏古朴的陇右民居和绮丽的服饰艺术；另一路则要去仔细聆听来自民间的秘密，探寻多彩风情的民俗、流光溢彩的民间美术、妙手巧工的传统技艺、箫管曲长的传统音乐、霓裳羽衣的传统舞蹈。最后的乐章属于现代，在"红色文化"里，回望南梁政权、哈达铺与榜罗镇、三军会师、西路军血战河西的历史，再一次感受解放区妇女封芝琴（刘巧儿原型）争取婚姻自由的传奇；"现代文明"系列记录了共和国长子——中国石化工业的成长记忆、中国人的航天梦、中国重离子之光、镍都传奇以及从书院学堂到现代教育，还有中国舞剧的"双子星座"。总之，"丛书"沿着华夏文明的历史长河，探究华夏文明演变的轨迹，力图实现细节透视和历史全貌展示的完美结合。

读者出版传媒股份有限公司以积累多年的文化和出版资源为基础，集省内外文化精英之力量，立足学术背景，采用叙述体的写作风格和讲故事的书写方式，力求使"丛书"做到历史真实、叙述生动、图文并茂，融学术性、故事性、趣味性、可读性为一体，真正成为一套书写"华夏文明之源"暨甘肃历史文化的精品人文读本。同时，为保证图书内容的准确性和严谨性，编委会邀请了甘肃省丝绸之路与华夏文明传承发展协同创新中心、兰州大学以及敦煌研究院等多家单位的专家和学者参与审稿，以确保图书的学术质量。

《华夏文明之源·历史文化丛书》编委会

2014 年 8 月

在"中国玉石之路与齐家文化研讨会"暨"玉帛之路文化考察活动"启动仪式上的讲话

　　今天的会议是我到甘肃工作以后参加的最有特色的会议，很高兴能有这次机会与各位学者进行交流。刚才听到了各位专家学者发言，很受启发。借此机会，我表达几点想法。

　　一、丝绸之路经济带的建设需要更深厚的学术研究作理论支撑。

　　从文化的角度讲丝绸之路，一般会从佛教说起，即所谓"西佛东渐"。佛教文化影响了从东到西早期的一些王朝，包括北魏等少数民族以及后来的大唐王朝等。佛教文化千姿百态，其核心文化内涵仍然是"和"，"放下屠刀，立地成佛"就是这个含义。

　　今天会议主题中的玉文化也有一个传承的过程。叶舒宪老师的文章中提到，历史上更早、或比佛教文化还早的是西玉东输，此后是西佛东渐。西玉东输到内地这个过程，物质化的是玉，精神化了的是文化，文化的内核仍然是"和"。正所谓"化干戈为玉帛"。因此，丝绸之路的文化精神，概括为一个字，就是"和"。这是自古以来就有的文化，又是一个到目前为止仍然活态传承着的文化，这一点非常不容易。当然，它与其他事物发展规律是一样的。比如敦煌，经过嬗变，其活态传承到了洛阳、内地，有的在唐蕃古道形成后，与藏传佛教又有融合，藏传佛教现在也是活态的。西玉东输的过程也是如此，现在真正活态着、物化着的玉的文化表达多数不在产地，这些地方现在已经成为被封存的文化遗产。目前，我们需要解决的问题是，要以考古学为基础，在学术上把这些离我们很远的，已经"碎片化"、"隐形化"、"基因化"的文化源头用现代科技手段和研究方法重新挖掘出来，使得历史和现在能够一脉相承地衔接下来，并表达清楚，这是我们需要做的工作。华夏文明保护传承创新区建设以来，我们侧重于包括佛教文化在内的其他早期文化的挖掘、整理、研究，概括起来就是两个字——传承。甘肃是华夏文明发祥地之一，如果我们再不搞这些基因化的东西，它们可能就会离我们越发久远，再过几代也许会失传。可喜的是，今天由《丝绸之路》杂志社、西北师范大学组织承办玉文化研讨会，汇聚了叶舒宪、赵逵夫、叶茂林等一批专家，专题研究玉石之路和齐家文化（也以玉为核心）。这是一件很有眼光的事。也许今天参与研究的人数不多，但可能会载入史册。

二、把玉文化作为重要课题，填补华夏文明传承创新区内容建设的空白。

现在，提到马家窑文化却跳开齐家玉文化，这是有问题的。马家窑可以上溯到 4000~5000 年，大地湾彩陶可以上溯到 8000 年左右，但在此过程中，范围更大的、对文化研究影响更久远的，在中国的文化内核中所坚守的最核心的文化价值在"玉"，而不在"陶"。如果丢了"玉"，就把灵魂性的东西遗失了。在此之前，这一部分研究有所忽略、重视不够。本次会议和考察活动弥补了这个缺憾，强化了这个课题的研究，让华夏文明传承创新区的内容建设、理论研究、学术探讨更加丰富多彩，更加全面。所以，我们对大家寄予厚望。

三、要按照活动设计，把理论研究、考古发掘、实地考察结合起来，通过现场走访、田野调查，将存在争议的话题搞得更清楚，更成体系。

在甘肃做学问，可能最大的优势就是有现场。坐在深宅大院里、高楼大厦里，好多问题是解决不了的。光靠读书只能够解决一些知识、信息或者提示性的问题，做玉文化的学问就应该到现场去。本次活动就开了一个好头。要协调各地，解决好专家的考察保障问题，提供条件，提供方便，把当地和玉文化相关的资料、信息、素材开放性地提供给专家们，让他们对当地文化、历史情况有更多的了解。建议多留存一些考察资料，如果可能，做一档玉文化电视栏目，除了传播知识，还可以挖掘其社会意义。社会主义核心价值观第一句话中就有文明和谐，玉文化在某种程度上就契合了文明和谐。

此外，玉文化研究要形成气候，一定要有相对稳定的学术团队，确保研究工作的专业性和连续性。我们省可以考虑成立玉文化研究的专门学术机构，定期举办学术活动，长期坚持下去，使之制度化、常态化。我建议你们把玉文化研究基地放在甘肃。

预祝这次活动圆满成功，谢谢大家。

连　辑

2014 年 5 月

"玉帛之路文化考察活动"组委会

顾　　　问：连　辑　郑欣淼　刘　基　田　澍　梁和平
组委会主任：叶舒宪
委　　　员：叶舒宪　易　华　吕　献　冯玉雷　刘学堂
　　　　　　徐永盛　张振宇　安　琪　孙海芳　赵晓红
　　　　　　杨文远　刘　樱　瞿　萍

"玉帛之路文化考察活动"作品集

主　编：冯玉雷
副主编：赵晓红

目　录：

1．玉石之路踏查记　　　叶舒宪　著
2．齐家华夏说　　　　　易　华　著
3．玉华帛彩　　　　　　冯玉雷　著
4．青铜长歌　　　　　　刘学堂　著
5．贝影寻踪　　　　　　安　琪　著
6．玉之格　　　　　　　徐永盛　著
7．玉道行思　　　　　　孙海芳　著

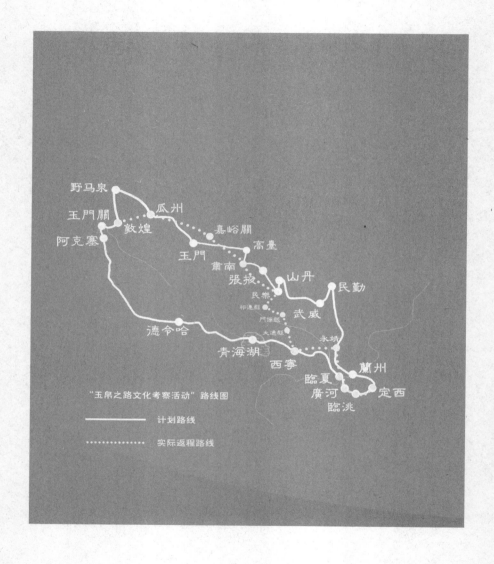

野马泉

玉門關　瓜州

阿克塞　敦煌　嘉峪關

玉門　高臺

蕭南　山丹　民勤

張掖

民樂

祁連縣　武威

門源縣

德令哈　大通縣　永靖

青海湖　蘭州

西寧　定西

臨夏

廣河

臨洮

"玉帛之路文化考察活动" 路线图

―――――――　计划路线

·················　实际返程路线

目
录
Contents

001　开篇

001　玉示：梦里不知身是客

016　玉史：史前古玉知多少

048　玉视：玉帛之路山海经

078　玉诗：西部美玉今安在

221　玉思：玉帛绵绵续春秋

244　后记

247　参考书目

开　篇

我是一块通灵老玉。

也许有着至少五千年或者数亿年的渊源。究竟多少年？你猜。

你问我来自哪里？我不好说。至少我知道，我来自大自然，来自山水的怀抱、风雨的洗礼。

你问我到哪里去？我也想问问你，你到底想到哪里去？在横流的沧海里，有多少天地精灵能够决定得了自己的归宿呢？

但我知道，我一直在期待着一个美好的相遇。就像几千年来人类与我们的相遇一样，总是在一场场交杂着希望与失望的疯狂的赌玉中完成着一种游戏。

我更知道，我在等待与你的相遇。不是说"窈窕淑女，君子好逑"么？淑女只与君子相配，通灵之玉也必将与知音之士相逢。

但是我想，那样的相遇，定然有着美丽的缘起。

佛家是讲缘的，我们玉教同样是讲缘的。请你允许我这样称呼我们的伦理体系。在人类几千年的长河里，你可以把我们的伦理体系叫做玉道。但请你相信，早在佛教与道教在华夏沃土上张扬的时候,玉教已然出现,并且应该是国人最早的本土教。

世上的事情,只要你坚持,总是会有好报。在我苦苦等候的日子里,2014年的那个夏季,一场名为"玉帛之路"国际文化考察团的活动,给我们的相逢带来了机缘。

我们由此而相逢相识。

事实证明了我的坚守的正确。

2014年的七夕,天上牛郎会织女。你洗却旅途的尘埃,暂别劳形的案牍,在那个"七夕"的黄昏,伏案开始关于那一段"玉帛之路"的回忆。许许多多的回忆里,我是你永远不变的背景,或者叫核心。它们,在不同的时空里发生着不同的置换。就像阴和阳,爱和情,就像玉和帛,古与今。

而这一切,都永远定格在穿越时空的在线眺望里。我很受用。

你决定要书写了。因为书写是最理性的表达。当然,也包括为了忘却的纪念。这就好比今天的人们把没有文字记载的历史总是叫做史前文化。一个书写,便造就了历史界点的分别时态。所以更当珍惜。

对你的书写,我必须点赞。

我知道,我一路相伴,你一路行来,你念念不忘的有个词叫"格局"。你还写下了考察随笔《文化的格局》,很好。在思前想后的无数次的掂量与锤炼后,你毅然决然地确定了《玉之格》的书名,我感觉立意很好。我仿佛感觉自己站在遥远的昆仑山上看你的行走。很唯美,很大气。当然,走得好不好,还得看你的造化。

我点赞的理由是,我觉得你允许我代表我的家族,那一块一块走在历史隧道或者历史河床里的玉们在诉说,这比你自己的絮絮叨叨要强得多。这样的语境很好。

然后,我亦钻在书山辞海里查证了一下这个"格"的意思,很好。我想你至少想表明这样一些意思吧。

《说文解字》里说,格,木长貌。又像一个一个的格字,按照一定的规则去放置物品。所谓格局者,是也。

《礼记·大学》里又说,致知在格物,物格而后知至。所谓格者,推究也。就像你们的这次再发现之旅一样,专家学者们都在悄悄地格着我和我的家族。

还有品格、格调。如人格,就是人的道德品质。玉格呢,应该就是玉的道德品质,也就是说玉的品格、格调、风格吧。

还有,如格命、格保,是吉祥的意思。格论、格训、格尚,是正确的意思。凡此种种,强调着玉的美好。

谁爱风流高格调,且听我君说美玉。

说玉的考究,说玉的格局,说玉的品格,说玉的美好……上述,便构成了玉之格。

我说的是不?

好了,且在精神的世界里,在齐家玉的遗存里,左手举起那块神奇的玉琮,右手举起那块美丽的玉璧,或者还将那玉猪龙举过头顶,念一句:言念君子,温其如玉。念一句:艰难困苦,玉汝于成。

然后,让我和你一起开篇吧,神游在三山五岳,神吃于三皇五帝,且在陇山陇水间,听那高山流水间的玉之赋吧。

尽管,视野无涯,管中窥豹。

好在,瑕不掩瑜,瑜不掩瑕。

青玉胡人骑骆驼摆件 |

玉示：
梦里不知身是客

洞察一块玉的前生今世，你会深刻而强烈地明白什么叫无常。

人非生而知之者，玉亦然。真的，没有一个物什能够知晓自己生来会有怎样的际遇和命运。

但有一点可以肯定。那就是决定自己命运和际遇的东西还是潜在于你的本体之中。而它在什么时候在什么地点能够喷发，并成为成就你的支点，那是一种机遇，或者叫载体，或者叫媒点。

人类和万物究其一生或者究其祖祖辈辈，其实一直在寻找着属于这样的一些东西。

当你了解了一块玉的命运变迁史之后，你一定会懂得怎样去成就自己。玉，应该是人类的成就师。

且扔了尘世间的凡事俗情，聆听一枚玉的叙事——

一

玉，就是玉。

就和天地万物一样，都是世间众生之一类，茫茫沧海之一粟。按照存在即合理的观点，她们都是大自然的孩子，都是上帝的苹果，都有存在着的美丽理由。

石为玉祖，这是学者眼中的玉。

《山海经》是中国古代最早的地理专著。有人说，书中记载了130多座产玉的名山。但是，这些记载大多已无从可考。

不管史书如何记载，那玉的形成，你尽可以展开了丰富的想象，去想象千万年里大自然的一系列运动。幸运的山上有幸运的石，那幸运的石遇到了各种各样惊心动魄的地理大运动。在那反反复复的运动中，幸运的石头经过千万次的栉风沐雨，水冲火炙，在涅槃中完成了伟大的转化，便形成了幸运的玉。

有一部专门介绍咱们玉之家族的纪录片，叫《玉石传奇》。在那里，我们的家族翩翩起舞，向世人展示着自己的何去何从。那部纪录片拿和田玉来说事儿，它说和田玉原生矿形成于华里西运动晚期，距今约三亿年左右。后来中新生代的造山运动形成了昆仑山并不断隆起，和田玉矿床随着昆仑山的隆起而抬升。那玉，便隐藏在海拔4000多米的崇山峻岭间。

要从这样的山上得到一块上乘的玉料，实属不易。每一块玉要走向人间，都要靠人背下来。两千多年前，先秦的思想家曾经这样描述过昆仑山采玉人的生活，往往是"千人往，百人返；百人往，十人至"。采玉人十有八九是有去无回。这样的玉，是用生命和鲜血换来的。

而高山上的原生玉石矿，经过长期风化和水蚀作用，逐渐变成了碎块。又在风沙冰川的作用下，被搬运到山谷河流。汹涌的洪水带着玉石在河中奔腾，棱角被磨成了椭圆。当河床变宽后，那些水中裹携着的玉石就沉积了下来。然后，等待着有缘人的寻找。找到了，"玉石精灵"和田籽玉就算是真正走出了莽莽昆仑，来到了人间。

盘古齿骨化金玉，那是神话语境中的玉。

《太平御览》上说,盘古爷开天又辟地。首生盘古,垂死化身,气成风云,声为雷霆,左眼为日,右眼为月,四肢五体为四极五岳,血液为江河,筋脉为地理,肌肉为田土,发髭为星辰,皮毛为草木,齿骨化金玉,精髓为珠石,汗流为雨泽。身之诸虫,化为黎氓。

种种化相中,那美丽的、洁白的、坚强的、执着的、内敛的、勤劳的、性感的,就成了金,成了玉。

石之美者为玉,那是人类审美视野中的玉。

美丽的石头会唱歌。因了一种审美的分别心,人们用一种概念化的东西将玉和石分了家。从此,玉另立门户。

东汉许慎在《说文解字》里说,玉者,石之美者。美丽的石头是石中极品。石中极品再不叫石,而叫美玉。这就像人类一样,同样都是人,但因为境界和修为的不同,便出现了神一样的人、圣人、贤人。

你瞧,这就是我们家族的发家史,或者说是玉之家族的变迁史。佛家有句话说,但问耕耘,莫问收获。有些时候,确实如此,你内在的潜质在很大程度上决定了你的优秀的特质。而这些物质在外因的作用下,便会升华为尊贵的品质。

无论你是蛰伏,还是行走,只要保持你高贵的灵魂不变,保持你纯洁的本色不变,保持你尚美尚真的内心不变,那许多的收获就会悄然来到,且永久而永恒。

你莫急,君子温婉如玉。瞧,还是玉的品质。

二

现在流行一种简化主义,这是一种不错的潮流。

绚烂之极,终归平淡。一个社会,或者一个人的内心浮躁得久了,是一件危险的事情。但是如果他们能够在关键时刻领悟出"简单"的内涵，那他就会在那一刻，哦，一刹那间，在冷静中获得清凉，获得宁静。

你看，我们的祖先就早早地明白了这样的道理。

起个名称，叫"玉"。按照现代汉语拼音的读法，是多么的简约。没有声母，没有韵母，更别谈什么介母。很纯粹地，一个整体认读。我还一直在怀疑，或者说是猜测，这"玉"的读音，莫不是当时的人们在看到我们的惊艳时一瞬间里发出的那一声惊叹。就像现在的人们惊讶之际，随口而出的那一声"哟"，或者接近于此的一个语气词。那声音里充满了惊喜，充满了兴奋，通体就像撒满了阳光。久之，人们便给咱们定了个音，叫玉！当然，也有种说法，说"玉"的发音同"域"。"域"呢，指王者领有的国土。以域说玉者，仿佛就是在告诉别人，这些都是王室专享的美石，甚至可以想象为规范社会关系的各种指示性、标志性、象征性的器物。在这一点上，玉既显得霸气，又吐露着豪气。

而她的书写，更是异常的简约。三横一竖一点，没有勾勾弯弯，没有偏旁部首。不像那些好比"魑魅魍魉"的词语，笔画繁琐，面目非常。嘿嘿。文字学家说，这是一个象形字，应该是甲骨文的字形，就是发现于河南安阳殷墟甲骨上的那种文字，她像一根绳子上串着一些玉石。意思就是说，这就是玉。

后来的人们继续在分析。有的说，玉者，从字面上说，就是王者身上一件宝。想来也是，王公贵族，皇亲国戚，那是中国历史上多么显赫的、多么有身份的一个群体啊。他们身上的这一点，会是什么呢？应该是最美好、最宝贵的一点吧。那么这一点会是什么呢？你想想，他们身上有着的宝贵的东西太多了。《诗经》里不是说了么，普天之下，莫非王土；率土之滨，莫非王臣。那王的权力可大了去了，要啥有啥。你的心中可能想着金子重要，银子重要，生命重要，权力重要，爱姬重要，等等等等。可是，王者不这样想，他认为最重要、最宝贵的东西是什么呢？是玉。

也有文字专家这样说，"玉"字从王从丶。"王"指王者，"丶"读音同"主"，是一个独立汉字，也是古代姓氏，意为"进驻""入住"。"王"与"丶"联合起来，就是"进驻王者腰部"的意思。什么东西能够进驻王者腰部？当然是用于佩挂的美石。

这就是玉，有道是宁静致远，大道尚简。

三

本想和你有模有样地说说华夏美玉的五彩空间，可是脑海里一直奔腾着许多安抚不下的美丽辞藻。

要想静，令其空。就像人们的思想意识一样，当你有杂念的时候，与其让它折磨你，不如随了缘去，先静下心来和它谈判谈判，说道说道，或者随笔写写，进行一番电脑垃圾清理般的工作。处理杂念的方法很多，就像驯马一样，你不能杀了它，但能驯服它。就像治水一样，你不能像鲧一样去堵它，而应该像禹那样去疏它。只有理顺了，她们就再不扑腾了。

我知道我这个比方不够恰当，甚至犯了点亵渎的错误。因为脑海里奔腾的那些美丽的东西不是杂念，她们是一些与玉有关的词语。

不想不知道，一想真奇妙。这所有与玉有关的词汇竟然汇集了人世间，哦，不，天上地下、时空内外的种种美好。但凡带玉者，按汉语言学的说法，都是褒义词，皆极言其美。人们把最完美的事物都寄托于"玉"一身。

一起到皇宫里走走：

皇帝用的大印公章，专称"玉玺"。2200年前，中国历史上第一位真正的皇帝秦始皇将一块玉石当做了王位的标志。后世的 1000 多年里，追逐最高权力的人们，一直在寻找神话般的传国玉玺。也就是说，自秦以后只有皇帝的印章才以玉为之。一方面充分体现了玉之贵重，一方面表明了玺之权威。皇帝定下的规矩，那是"金科玉律"。皇帝在那儿组织考试了，可叫殿试，但统称应该叫"玉尺量才"，这才能显示出你是个有文化的人。皇帝要喝酒了，侍女们端上来的酒器要叫"玉斝"。 皇帝能吃的美食、能过的日子，一般都叫"锦衣玉食"。朝上朝下开口所说的话，叫"玉音"，或者叫"金口玉言"。皇帝祭祀或者外交所用的礼物一般都是玉器和丝制品，敬称"玉帛"。翰林院可叫"玉堂"，翰林出身或者出身高贵、文武双全者称之为"玉堂金马"。那些风貌优异才华出众的人称之为"玉笋"，与其列者称为"玉笋之班"。还有那些大臣们上朝手里持着的，也是"玉笏"。

前朝如此，后宫亦是。皇帝居住的地方叫"玉阙"，皇后梳妆打扮用的镜子叫"玉鉴"。收拾停当，坐上一种叫"玉辇"的车出来游转游转，她款款移步而上的白玉台阶叫"玉墀"，在前厅后院里扶着的栏杆叫"玉栏"。你如果想关心皇后的身体状况，当然应该要问"玉体"是否可安？

这就是皇家气度，王者风范。

四

女子为好，少女为妙。世上人人都寤寐思服的淑女也与"玉"有着不了的情缘。

就连《西游记》中的大唐和尚也知道，高贵出身的女子应是"玉叶金枝"。作为出家异教之人，不敢与玉叶金枝为偶。美女、仙女叫"玉女"，说女子身体也可讨好地叫"玉体"，美女照片叫"玉照"，美女手指叫"玉笋"，美女头上用的簪子恨不得都称为"玉簪"。女子美貌叫"玉色"，女子容颜叫"玉面"，再姣好一点美丽一点可以叫"玉容"。白居易的《长恨歌》里唱道："马嵬坡下泥土中，不见玉颜空死处。"想来这"玉颜"也是玉体、玉色、玉容的孪生姊妹。女子肌肤润朗光滑，可以形象为"玉润"，因为宝玉就是那样的润朗。女子要出嫁了，祝福她的婚姻幸福呢，要用"金玉良缘"。

这就是君子好逑的窈窕淑女。

她在风中尘里"亭亭玉立"。千年万年，依然"玉洁冰清"。

五

仰天，俯地，处处皆是玉的世界。

地上，珍贵的幼苗叫"玉苗"，有一种槐树叫"玉树"，有一种香味浓郁的大白花叫"玉兰花"，有一种秆高穗大的谷类禾草叫"玉米"，想来这种作物很珍稀，或者还有什么美丽的传说。

天上，月亮可以形象为"玉盘"，就像用玉做成的盘子那样纯洁光亮；月宫里的兔子不叫金兔，叫"玉兔"；月亮的光华叫"玉魄"，洁白的雪花叫"玉屑"，太阳两边的云气叫"玉珥"。就连传说中神仙住的仙宫都是"玉宇"。后来文人骚客们直接把天空、宇宙都喻称为玉宇。

玉是一种声音。《孟子》说，集大成也者，金声而玉振之也。玉在音乐的世界里也是非常之完美。美玉装饰的琴叫"玉徽"，琴上的弦柱叫"玉轸"。演奏古乐了，以钟发声，以磬收韵，集众音之大成。这里的钟是金，磬是玉，这样的演奏叫"玉振金声"。

玉是一种色彩。色泽晶莹如玉之物者大多以玉喻之。比如色泽如玉、姿态万行叫做"玉色瑷姿"，而亡者垂下的鼻涕叫"玉箸"或者"玉箸"。还有古人把目光叫做"玉溜"。"我见你秋波玉溜使我怜，一双俊俏含情眼。"想来是指人的眼珠流转十分灵活如玉的相貌吧。

玉是一种姿态。渴望和平的愿望是"化干戈为玉帛"。敬请别人帮忙做事或者促成某事便成了"玉成",有道是"艰难困苦,于汝玉成"。对别人文字的美称叫"玉文",尊称对方的书信叫"玉札"。现在酒家的广告词中,美酒不叫美酒了,叫"玉液"。有道是"天赐琼浆""泉涌玉液"。

玉是一种境界。《礼记》上说,君子比德于玉。这里指玉有一种美德,玉是一个贤才。珍贵的典籍叫"玉编",珍贵的书籍叫"玉笈",色白而质地坚厚的宣纸叫"玉版宣"。品格高尚纯洁就是"玉洁冰清"。"一片冰心在玉壶",纯洁高贵的心灵必须盛放在用玉做成的壶中,这样的壶中乾坤大、日月长。好的和坏的同归于尽又叫"玉石俱焚",为坚持正义而不惜献出自己的生命叫"玉碎"。我知道,碎了的玉还是玉。

金风玉露一相逢,便胜却人间无数。

六

神话,是人类的童年。也许幼稚,但不失真。

那位著有《金枝玉叶——比较神话学的中国视角》《河西走廊:西部神话与华夏源流》等40余部著作的叶舒宪教授,是中国神话学会会长、中国文学人类学研究会会长。潜心于"丝绸之路"的学术研究,这位执着而富有激情的学者看到了文化传统的"拐点",看到了在"丝绸之路"上熠熠生辉的玉石。教授敏锐的眸子掠过亘古荒原,从丝绸之路"小传统"与玉石之路"大传统"的文化视角中提出了"丝绸之路"的前身为"玉石之路"的论题。学术的一个信号,将"丝绸之路"时间段向前推移了两千多年。

"河出昆仑""玉出昆冈"。许多的玉,出自昆冈。人与石头间的亲和故事，在几代人的口口相传中被演绎成神话，最终被凝结成了一个民族的共同记忆。叶舒宪从神话学的记忆视角看到了玉的另一方魅力与神奇。

我们所熟知的道教里，有一位至高无上、总管天上人间一切祸福的尊神，叫玉皇大帝，或者叫玉帝。传说中，这位道教崇奉的天帝住在天上玉清境三元宫，他的居处叫玉虚。凡间的许多道观呢，大抵命名玉清宫。

深深扎根于中华传统文化沃土之中的道教，是一个追求"人人有责、清静无为、天然和平"的宗教。你应该知道，从华夏本土的洪荒时代起，人类一直在寻求着自然的庇佑，遂认为万物有灵，这是原始人类在形成宗教之前最先出现的理论，进而产生了对自然的敬信，对灵魂的敬信，对祖先的敬信。"黄帝问道于广成子"，在史前文明时代，这样的先贤已经开始追问生命的意义，挑战人类生命的极限。直到汉朝后期，益州的天师道奉老子为太上老君。至南北朝时期，道教宗教形式逐渐完善。

我还得再强调一遍，道教是真正意义上发源于古代本土中国的一种宗教形式。而这个信仰的大厦，与玉有着源远流长的关系。不论是它的教义，还是它的称谓。在这里，我不想更多地阐述，在之后的某个风和日丽的下午，或者华灯初上的黄昏，或者明月青灯的子夜，我再慢慢和你细聊道教内涵与玉的某些玄机。

但我必须要说的，凡事皆有根。你不会感觉不到道教历史渊源中还有更多值得推敲的地方吗？比如说像叶舒宪提出的"玉教"。这是一个非常令人惊醒的"一喝"。没事的日子里，我总是在想，在遥远的上古时期，或者在道教形成之前，在华夏大地上，人们确实存在着一种叫玉教的神话信仰。以玉事神者谓之巫也罢，尊玉为圣洁之礼器者也罢，以玉为图腾、以玉文化为准绳的精神信仰支撑着那个时代那些先民的生老病死，吃住行走，等等。

直到多年后的多年，道教的信仰体系一如黄沙般覆盖了玉教的信仰体系。那种覆盖不是消灭，或者消失，是如根一样的重新生长，洗礼般的成长。

就像后期的儒家思想也罢，也总是以玉事教，以玉之格为圭臬。

美丽的石头在唱歌。这是一首玉之歌。由此，上苍冥冥中的一切至高无上神及器皆以玉而命名，玉帝、玉阙、玉虚、玉兔；普天之下，皇家王权所在的一砖一瓦皆以玉而命名，玉玺、玉辇、玉堂、玉音；推而广之，天下最美者皆可以玉相称。凡此种种，皆以玉为大美大智大圣大贵。

说尽世间各种美好、洁白、珍贵，想起一个词——玉蕴辉山。现在看来，真正是玉润东方、玉蕴华夏。

这，就是玉。

七

关于与玉有关的辞藻，足足耗去了我一天的时光。用玉组成的词语确实是无计其数，而我的举例法要举出的，还不包括那些从玉的汉字。由此可见，"玉"字在造字师，在那些伟大的劳动者、创造者心里，是一个多么美好、高尚的字眼。一言以蔽之吧，都是"宝"！哦，"宝"者，还是"玉"和"家"的合字。家中有玉，美不可言，富不可比，这就是华夏之宝，人生之宝。

有些疲惫，但也很兴奋。还是调整一下状态，说些纪实性的东西。

玉是大自然对人类的恩赐。以玉为美者，国人盛爱，我们的先祖万般垂爱。世界上没有哪个国家像咱们这样和玉有着如此深厚的渊源，没有什么东西可以像玉那样把繁华高雅与纯正质朴如此有机地融合为一体。玉，因其丰厚的内涵和独特的品质，熠熠生辉于华夏文明的每个殿堂、每个舞台、每个角落。

华夏美玉在岁月河川里冲刷了几千年。那么，华夏大地上到底有多少美玉呢？

结缘于玉，还得需要我给你恶补一番。新疆和田玉，你应该有所了解，还有辽宁岫玉、河南独山玉、湖北绿松石、陕西蓝田玉，再加上后来加入队列的祁连玉。她们，共同构建起了华夏美玉的世界体系，共同放飞着世人爱玉的梦想。中国有"四大名玉"的说法，一般指的就是前面所说的四种。

和田玉，因出土于新疆和田而得名。你听这名字多好，《广韵》上说，和者，顺也，谐也。以和为贵，和气生财，和睦相处，和谐共存，和而致祥，协和万邦，和合天下。田呢，树谷曰田，丰收之地，希望之野。如此盛地，必产如此之宝物。如此吉祥之地，必洋溢齐家治国平天下之弘略。好了，不吹了，还是说正事。和田玉主要分布于新疆莎车——塔什库尔干、和田——于阗、且末县绵延 1500 公里的昆仑山脉北坡。和田玉有白玉、羊脂白玉、青白玉、黄玉、青玉、墨玉、糖玉、碧玉等一系列品种，尤以世界罕见的白玉为代表，玉质居世界软玉之冠。众所周知，在河床中采集的玉块称为籽玉，在岩层中开采的称为山料。

唐和田玉雕法器摇钟 |

　　辽宁的岫岩县,那是一个山清水秀、物产丰富、藏风聚气的风水宝地。那里有一种矿产,有一种美丽的石头,经过千万年的自然演化,凝聚了千万年的日月山川之精华,最后孕育出了闻名于世的国宝珍品——岫岩玉。正气内存,邪不可干。正因为岫玉吸收了天地之精华、自然界之灵气,再加上以绿色居多,岫玉更成为人们追逐风水理想的选择。我就一直纳闷啊,一说到玉,怎么总是和风水啊、宗教啊、礼仪啊、精神啊有着藕断丝连的牵连。看来,玉之美,不单在形,更在神。

　　独山玉呢,又称南阳玉。因为她产自南阳独山。你别小看独山这个名字,其实她很有一种神秘的沧桑感。而更重要的是,据有关资料记载,西汉的时候,独山曾称为"玉山"。历史地理的恢弘长卷中,"玉山"这个名头,就像古代宫中的皇后一样,总是废了立,立了废。就像史书中记载的"玉门关"一样,也是这样的命运。在那遥远的西部,"玉门关"忽远又忽近。哪里是"玉门关"呢?古人的话一语中的,那就是"春风不度"的地方。一切的密码,全在于它那时那刻的地位和价值。独山玉质地坚韧微密,细腻柔润,光泽透明,色泽斑驳陆离。独山玉雕更是历史悠久。你记得不?安阳殷墟妇好墓出土的玉器中就有不少独山玉的制品。这就说明早在6000年以前古人已开采独山玉,而在独山附近的黄山新石器时代遗址出产的玉铲,证明早在5000余年前先民们已使用上了独山玉。独山脚下有个叫"玉街寺"的遗址,那是汉代雕刻玉器的地方。

　　再来说说绿松石。绿松石又名绿宝石,是世界上稀有的名贵宝石之一。埃及、波斯等许多文明古国十分崇尚绿松石,而美国的印第安人一直认为绿松石是大海和蓝天的精灵,是神力的象征。在中国,西藏人对绿松石格外崇敬,至今仍是神圣的装饰用品。你们共同走过"玉帛之路"的那位叫孙海芳的女孩,后来不是走进西藏了么?在她的微博微信里，不是常常留下绿松石的图片么？因为一个人，关注一座城。我知道，自从"玉帛之路"结束后，由于你与同行者的结缘，你的视野打开了新的窗口。这里包括西藏这扇窗。对此，我其实很高兴。因为是玉，让你们走到了一起。是"玉帛之路"，再次诠释了"一片冰心在玉壶"的内涵。这也从另一个角度充分说明了"玉帛之路"考察不虚一行，包括学术价值，包括精神向度。

红山文化出土的绿松石 |

"沧海月明珠有泪，蓝田日暖玉生烟。"最后，还是要说说蓝田玉。和氏璧，就是著名的蓝田玉。关于蓝田玉，有许多的典故。比如秦始皇做玉玺用的玉好像就是蓝田玉，还有说杨贵妃的玉带也是蓝田玉。传说当年李隆基送给杨玉环的爱情信物，还是蓝田玉。后来人们用杨玉环的小名芙蓉来称呼她为"冰花芙蓉玉"。唐明皇呢，曾命人采蓝田玉为杨贵妃制作了一种叫磬的打击乐器。这个蓝田玉，怎么与唐明皇、杨贵妃有这么多的故事，而且都是爱情故事，我们能不能命名她为"情人玉"呢。其实，所有的玉都可以称之为情人玉。哪个玉没有一些风花雪月的故事呢？又有哪个情人间没有一块关于玉的故事呢？

明朝万历年间的宋应星在《天工开物》中也曾这样记载到，所谓蓝田，即葱岭出玉之别名，而后也误以为西安之蓝田也。这样的记载让人纠结。不管了，一切都是名相。你瞧，今天的蓝田玉行销全国，远销欧美，已成为陕西一大品牌而名誉中外呢。

晴天日出入南山，轻烟飘处藏玉颜。闭上眼想象一下吧，华夏大地有着多少的美玉呢？

美哉，玉中华！

八

世人爱玉，故尊玉、佩玉、赏玉、玩玉。美好心情需要优秀能力相配套，否则你没有保证心情的资本和实力。要赏玉玩玉，必要懂玉，鉴玉。

玉乃石之美者，好玉乃石之珍品。理所当然，色阳性润质纯才为上品。"赌玉"之王在无数次的心跳和希望与失望的交织折磨中，也总结出了一些基本的标准。看来，我还得给你说说鉴玉的那些理数。

要看色。玉以白色为最佳。玉当中若含红、紫、绿、白四色，称为"福禄寿喜"；若只含红、绿、白三色，则为"福禄寿"。色泽暗淡、微黄色的为下品。如果是单色玉，以色泽均匀的为好。

要辨透。真正的上品玉，透明晶莹，没有脏杂斑点，不发糠，不发涩。半透明、不透明的玉是中级玉和普通玉。

要识匀。玉的色泽重在均匀。不均匀的，价值很低。

怎么识呢？

可以敲。美玉通灵有声。真玉声音清脆，人造假玉声音发闷。带有断裂、割纹的，用金属棒轻轻敲一敲，或者把玉轻轻抛在台板上，可以从声音的清浊辨出是否存在裂纹。自然，声音越清脆者，越好。

可以照。将玉对着光亮处一照，或者就像你们走进大头山时的那样，用一个手电筒，最好是玉石专用的电筒一照，那颜色剔透、均匀的，便是真玉。你还可以用放大镜照，看看有无裂痕。

你还可以摸。用手轻轻地触摸去，若是真玉，就有冰凉润滑的感觉，一如婴儿的或者少女的肌肤。你还可以舔。用舌轻轻舔去，真玉有涩涩的感觉，而假玉就不会有那样的感观。你也可以刻。美工刀的摩氏硬度是5，而软玉和硬玉的摩氏硬度都要高于5。因此，美工刀是刻不动的。再者，我可以告诉你一种水鉴别法。那就是将一滴水滴在玉上，如果成露珠状而久久不散者，那就是真玉。真玉聚真气，聚气而不散。

我怎么一下子想起了少年闰土给鲁迅先生教那刺猹的方法了。记好了，这可是不轻易外传的识玉之"玉笈"啊。

九

梦里不知身是客，一晌贪欢共采玉。说尽玉之事。

这是没有办法的事，玉结有缘人。

玉，是山与水的融合，是阳光与月亮的融合，是人与自然的融合，是生命与生命的融合。

玉，经历了风与水、太阳与月亮的洗礼，经历了生与死，与人们相遇。从此，世上有了玉。

说玉，是在说关于一块石头的故事。说玉，亦是在说一个民族的故事。说玉，亦还是在说一个人的故事。

玉的命运，其实也是人类的命运。

玉史：
史前古玉知多少

感谢 2014 年夏天的那场"玉帛之路"行。

在此之前，你可能有着玉树临风的思想或愿景。但对于玉的知识知之甚少，甚至可称得上一窍不通，属于典型的"玉盲"。但经过我殚精竭智的开示，你现在可以以一个玉的"准专家"的形象在外行面前显摆一下了。

别说谢谢。纸上得来终觉浅，欲知此事须躬行。

你要知道，无玉格者，勿格玉。

还有最重要的一点，一个不懂华夏史的人是不配谈玉的。这就像这次"玉帛之路"考察团中的那些专家学者们反复强调的那样，一个文物离开了它出土的地方就失去了文物的意义。一块玉，离开了天之道、地之道、人之道，就只能说是一块长得漂亮的石头。专家们强调的，是地之道。而我所说的天之道，就是天时，也就是历史。

所以，你要问我从哪里来？还得与我一同穿越那华夏文明史，直至遥远而又倍感亲切的史前文明。

那里，我的伙伴在静静地等待着我们。

一

一部华夏文明史，就是一部玉的历史。

当你真正读懂了中国历史，你会清晰地发现，贯穿整个华夏史的，融于中华民族血液的，浸润整个国人灵魂的，是玉。

透过玉，你会看到文明与野蛮，看到战争与和平，看到贫穷与富强，看到开放与封闭，看到专制与和谐。

因此有人说，玉，是中华民族独一无二的文化基因，是解读中华文明史的一把金钥匙，是解密华夏文明的"DNA"。

好了，先不说玉了。我们从关于中国史前文明的一系列考古发现说起吧。

二

现在开始穿越。

我们的穿越，是属于正史的穿越。史学，要的是严谨。

历史是由人类创造的，也是由人类书写的。注意，创造和书写是两个概念。别说先创造后书写会出现差距，就连边创造边书写都有黑白颠倒的时候。要还原历史的真相，学者讲究的是证据。当然，不同的证据会出现不同的书写。围绕一个"一"，可能会出现N多种"一"。你不要奇怪，这很正常，哲学上不是有个否定之否定规律和螺旋式上升、波浪式前进的规律吗？

我会选择属于通常情况下的，或者说是属于绝大多数的，或者说是在近年来普遍公认的一些知识体系或论断性的说法给你讲解。

你知道什么叫史前文化吗？"史前"这个词，是英国一位叫丹尼尔·威尔逊的学者提出的。史前文化呢，就是说没有文字记录之前的人类社会所产生的文化。考古学家的概念里，史前社会是从发现古人类开始，到发现甲骨文的殷墟年代，也就是商代盘庚迁殷之前的历史时期。而历史学家的概念里，说的是有了文献记载之前的历史时期，也就是西周共和元年之前的阶段。习惯上，学界普遍认为，中国的史前时期，大体上包括旧石器时代和新石器时代。旧石器时代属于蒙昧时代，新石器时代属于野蛮时代。新石器时代以后，人类随着青铜时代进入了文明时代。

你说什么？没有文字记载的历史叫历史吗？是的，那也是历史。那不但是历史，而且是一段非同寻常而有着决定意义的历史。听那些专家说，好像占据了人类史的 99.75% 的时间。这样想想，你们这些人，包括你们祖宗八代合起来，才有多少年的光景？那史前时期，虽然没有文字记录，但那些文化遗址的地质、器物、古人类、古生物遗存，可都富含着文明的印记，时不时地泄露着岁月的秘密。有道是，风流总被雨打风吹去。她们静静地卧在黄河、长江两岸，乃至我们身边的每一条河流，随着淘淘浪花，静观岁月流逝。而那不死的精魂，却一直在浪尖上吐着俏皮的舌头。

正如人们所说的，人类的第一行脚印，总是留在河流的身边。人类的文明，总是依河而行。

据历史考证，在距今二三百万年到距今 6000 年到 4000 年左右，人类经历了一个漫长的石器时代。石器时代，顾名思义，就是使用石器的时代。这种命名法，正是基于劳动者所使用的劳动工具而言的。劳动工具的使用非常重要，以至被认为是划时代的标志物。

石器时代早期呢，就是旧石器时代，这是以使用和打制石器为标志的人类文化发展阶段。在那个时代，人类学会了用火，然后出现了骨器，然后出现了简单的组合工具，而且形成了母系氏族。你在中学历史课本上学到过的元谋人、北京人、山顶洞人呢，就基本上处于这一时期。还有传说中的女娲、伏羲、有巢氏、燧人氏等出现在旧石器时代晚期。

神话的确是人类童年的语言。一提起这些人，你就知道什么三皇五帝，知道什么女娲用五彩石补天、伏羲打卦、有巢氏筑屋、燧人氏取火。看来，你的认知水平真的还处于童年阶段。不过也难为情你了。我还是非常喜欢你的纯真。

这一点上，很像咱们的白玉，玲珑剔透心。

三

石器时代的晚期，就进入了新石器时代。

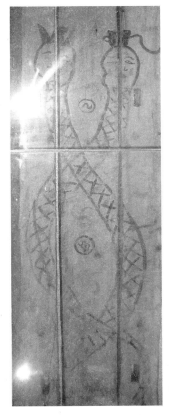

民乐博物馆木板画：人首蛇身图 |

一位文学家写过这样一段很富有诗意的文字：大概公元前一万年的时候，地球上最后一个冰川期结束。春暖花开，海平面上升。人类的活力，也仿佛从冬眠的蛰伏中苏醒过来，舒活舒活筋骨，抖擞抖擞精神，迈步走向了光辉灿烂的新石器时代。

瞧，这是一个多么伟大的开端！

1865 年，英国考古学家卢伯克首次提出了"新石器时代"这个名称。年代大约从 1.8 万年前开始，结束时间从距今 5000 多年至 2000 多年不等。一般认为呢，新石器时代开始制造和使用起了磨制石器，发明了陶器，出现了农业和养畜业。由于各地新石器时代的情况很不一致，所以新石器时代一般又分为中石器时代、新石器时代和铜石并用时代三个时代。

这个时候的华夏大地，陆续出现了红山文化、仰韶文化、龙山文化、良渚文化、河姆渡文化、大汶口文化等文明。这个环节非常重要，希望你能够认真倾听。因为许多有关玉的精彩故事，都在这里上演。

在新石器时代，约前5000年—前3500年，史家又称为仰韶时代。那一时期，黄河中游以仰韶文化为代表，下游以后岗一期文化为代表；长江流域呢，中游以大溪文化为代表，下游以马家浜文化为代表。

在铜石并用时代，约前2600年—前2000年，史家又称为龙山时代。那一时期，黄河中游以中原龙山文化及齐家文化为代表，下游以龙山文化为代表；而长江中游以石家河文化为代表，下游以良渚文化为代表。

新石器时代结束后，人类就进入了铜器时代。

怎么样？晕了吧。这个文化，那个文化，听得头都大了。这就叫越简单的东西越复杂。就像你们说的"金疙瘩能识透，银疙瘩能识透，肉疙瘩识不透"一样，就如同玉一样，看上去简单但要识透这个"疙瘩"也不是件容易的事。考古学家、人文专家、历史学家为了能让你们知道自己的祖先是谁他们从哪里来他们到哪里去付出了多少的艰辛啊？真正是穷尽皓首。

你问在这之前的先民是谁？他们经历了哪些变迁？

我们曾经的教科书上一直这样说，中国最早的直立人是170万年前的元谋人。可是中国科学家于1986年在重庆巫山发现了猿人遗址，这一发现意味着最早的直立人是200万年前的巫山猿人。它刷新了科学家当时所知的关于亚洲古人类生存年代的时间表，同时也动摇了西方学者的"人类非洲起源说"。按照现在的史学研究，人类的起源经历了大约距今 200 万年至 300 万年前的猿人阶段，如元谋人、蓝田人、北京人。经历了距今约 20 万年至 5 万年的早期智人阶段，如广东的马坝人、湖北的长阳人、山西的丁村人等。经历了距今约 5 万年前的晚期智人，如广西的柳江人、北京的山顶洞人等。此后，人类便进入了现代人的发展阶段。

哦，补充一句，山顶洞人已经掌握了相当熟练的钻孔技术，还是两面对钻。从他们使用的装饰品上，已经表现出了一定的审美观念。从那个时代开始，人类便一直处于长期和大幅度的迁徙中，直到人类形成了地域性民族后，才相对稳定下来。

你问你们陇上人家的先祖从哪里来？一份资料上这样记载着：考古学家认为，距今 170 万年前的云南元谋人北上越过金沙江，到甘肃、青海成为古羌戎人。继续往东北越过白令海进入美洲，成为印第安人的祖先。它是迄今所知中国境内年代最早的原始人类之一。我不知道这个答案正确与否，你如果真的感兴趣的话，可以继续去搜罗爬剔，为了能够寻找到自己先祖的答案，吃再多的苦也是应该的。

这样的一问一答，让我想起了"占卜"这个词。

难道我们玉族就一直逃脱不了宗教般的宿命吗？

四

一个劲地讲了石器时代，总是不见玉的出现。可是你要知道，无石，哪有玉？

东汉袁康的《越绝书》将人类使用的工具分为石、玉、铜、铁四个阶段，它在一定程度上反映了古代史学家对古代中国实际发展程序的认知。随着人类的进步，玉在一天天地走向发扬光大。

以玉为美者，早在史前。

1992 年，在内蒙古敖汉兴隆洼文化遗址，人们发现了 100 多件玉器，其中有一对白色的玉玦，就像今人所说的耳环。还有长条形或弯条形的玉坠饰和玉管等。这是距今 8000 年前的原始聚落的遗址，是目前我国发现的时代最早、保存最完整、遗迹十分清晰的原始村落，有着"华夏第一村"的美誉。

按史家记载，这是中国迄今所知年代最早的玉器。那个玉玦，也是世界上最早的玉耳环。

这一切，都意味着距今 8000 年前的新石器时代，华夏祖先就选择美石磨制玉器，中国玉业就已萌芽建立。也就是说，中国人用玉已有 8000 年的历史。

没有文字记载，我们可以敞开了思维浪漫地想象。

石之美者为玉。我们的先祖，走出了洞穴，走在了丘陵平原上。他们走在辽阔的天地间，跳跃玩耍间，劳作觅食时，突然看到一块玲珑的石子出现在脚下。俯拾，拿玩，很柔、很润、很透的那种。随便放在指间摩挲，也当是打发日子的伴儿。或者搞个孔儿，拴个绳儿，带在身上，也是种装饰。后来看到大一点的，因为坚硬，像斧子的可以砍物，像铲子的可以夯土，就地取材用于生产。再后来，打磨打磨，更顺手些。直到青铜器出现的时候，物以稀为贵，生产工具改用青铜，像这样并不是遍地都

世界上最早的玉耳环：兴隆洼文化玉玦

有的美丽的石头，便成为美丽的饰品、神圣的礼器或者贵族人家的奢侈品。

玉，就这样走进了人类的视野。爱美的原始人，就这样发现了玉。

就这样，脱胎于石器母体的玉器，远远超越了石器。最初，只是在小玉块上钻个孔当垂饰，或者像磨制石器一样，磨成玉制武器或工具。到了新石器晚期，"他山之石，可以攻玉"。不打不磨不琢不成器的玉，在新石器工具的帮助下，磨出了光滑，雕上了花纹，或者把较大的玉块进行处理后变成一种工艺品。从磨制的玉器，到精美的玉雕作品，玉器随着社会的发展而发展，玉的文化也逐步地明朗丰富起来。你看，从新石器时代的玉龙、玉璧，到商周的玉刀、玉戈，从汉代的瑞兽，到唐宋的花鸟发簪，乃至元明清的大件玉雕，中华之玉绚丽多彩。从旧石器时代到奴隶社会、封建社会，玉器记录了人类的生死变迁，一步步走来，迎来了中国玉史的巅峰。

从那时开始，玉便在华夏热土上美丽了近万年。

爱着玉，爱了近万年。

世界上最古老的耳环——玉玦在中国北方的内蒙古兴隆洼出现了。1000多年后，日本列岛绳纹时代遗址也出土了同样的环形玉饰。1000多年后，长江流域也发现了同样的玉玦，俄罗斯北纬50度左右也出现了玉玦。这些玉器的质地、造型、组合和雕工，十分的相似。

相同的器物在不同的地点出现，这在向人们昭示着什么？

这就叫玉的旅行。

翻开地图看看，我们可不可以这样理解：兴隆洼的玉玦，从中国东北辽河上游地区出发，到俄罗斯，到日本北海道和本州；或者从辽河流域出发，南下，到达长江流域。

在这样的历程上，玉玦实现了千年旅行。

五

天苍苍，野茫茫。风吹草低见牛羊。

在苍苍茫茫的内蒙古草原，风吹过，见到的不仅是牛羊。

辽河和大凌河流域是一个神奇的地方。兴隆洼文化之后，继之而起的是红山文化。

红山文化，因位于内蒙古赤峰市的红山而得名，是东北地区以出土玉器为主要特征的新石器文化。她萌芽于公元前8000—前6000年前后，辉煌于公元前4000—前2500年前后。一般地，把公元前6000—前3000年这一时期带有红山文化特征的玉石器通称为红山文化。

在红山，留下过日本人文学家、考古学者鸟居龙藏的遗憾，留下过法国科学博士桑志华的探索，留下过梁启超的公子梁思永的执着。

1971年，翁牛特旗三星他拉村的农民张凤祥在梯田地里发现了国内首次发现的"中华第一玉雕龙"。直到1984年，当考古队员们在牛河梁开挖红山文化古墓发现墓主人胸前的"玉猪龙"后，这件旷世玉作才正式被专家确认。

| 红山文化玉猪龙

你在图册上见到过那件号称"中华第一玉雕龙"的玉器吗？那玉雕龙，用整玉雕成，碧绿色，呈"C"型。鼻子前伸，嘴紧闭，有对称的双鼻孔，双眼突出，头上刻有细密的方格网状纹。龙脊有长鬃，上有一圆孔，龙形无足、无爪、无角、无鳞、无鳍。专家说，她代表了早期中国龙的形象。

这件玉雕龙发现后的第三年，在距

离三星他拉 60 公里的广德乡红山文化遗址，再次发现一件黄龙的 C 型玉雕龙。

五千年前的红山文化中，发现了玉猪龙和大量的玉器。这些文物告

红山文化玉龙 |

诉我们，五千年前的人们已经在使用精美的玉器。那时，正是中华文明的初创时期。

专家从造型和雕琢工艺的角度，把红山文化玉器分为装饰类、工具类、动物类、人物类和特殊类五大类型。我特别想感兴趣告诉你的是，在我心中的红山玉的文化畅想——

你可能发现了我表述上的含糊，那就是玉雕龙和玉猪龙。你很精明。这样的表述，恰恰体现了考古对未知领域的探索和严谨。那是用玉雕成的一个像龙一样的器物。但那龙，是猪首蛇身。也许正如人们所说的那样，是早期中国龙的形象吧。为什么是猪首呢？也许因为猪为"水兽"，又是农耕文明的主要象征，亦是古人问天、求雨、防洪祭祀的祭品。蛇，又是土地和繁殖力的象征。他们的组合，你是否感知到了其中的玄机？

后来，还有好奇的人们继续在欣赏中好奇。你再仔细看看，那玉雕龙的形象，是否还像一个孕育在子宫里的胎儿？而那人们认为是龙之长鬃的所在，是不是很像胎儿的肚脐？这样的造型，是否又表达着人们对

生命的敬畏和对繁殖的期盼？

呵呵，想得多了。

红山玉器中还有玉蝉。"我破茧成蝶，愿和你双飞，最怕你一去不

| 红山文化玉猪龙

回。"蝉蛹的蜕变，体现着一种生命的轮回。为死者陪葬的玉蝉，是否又寄托着生者对亡者轮回转世的希望？

红山玉器中还有玉龟玉鳖。千年之龟，万年之鳖，那都是长寿的象征。亲人仙逝，左手持龟，右手持鳖，这还是给亡者送上的祝福和期盼。

红山美玉多神秘。那可是一个巫玉时代？

| 红山文化出土的玉琮

红山古玉多绚烂。从 1969 年开始陆续出土玉器，直至 20 世纪 80 年红山玉器被确定身份，面对红山文化发达的玉器，业界惊叹：红山文化时期，应该就是 5000 年以前中国历史上传说的"玉器时代"吧。

领略了红山文化玉器的风采，同样存在着一个不容忽视的问题需要我们面对。那就是，红山之玉哪里来？

有人说，就地取材。

有人说，那是辽宁的"岫岩老玉"。

我比较相信后者的说法。虽然截至目前，还没有发现红山人制玉的作坊和工具。

六

红山文化，是玉世界里一道绮丽的光芒。

1981 年，北京大学历史系考古专业的研究生在内蒙古牛河梁红山文化遗址上发现了"积石冢"、大型祭坛和女神庙。

"积石冢"是一种用石块堆积起来的独特的墓葬。大型祭坛是由一些红色或暗红色的石头桩砌筑起来的三个同心圆的造型。女神庙是中国首次发现的远古女神神殿。

这是一种奇特的组合。

坛、庙、冢三合一的布局，与明清时期北京的天坛、太庙和明十三陵的组合之间有着怎样的关联。抑或一头是中华文明的起源，一头是中华文明传统的形成？

在红山古墓"积石冢"里，人们发现有的死者头部放置有玉环。有一个男性主人的墓里出土了 7 件随葬玉制品。他的右胸竖放着勾云形玉佩、下面压着马蹄形玉器，手腕戴着玉镯，头部两侧放着两件玉璧，双手各握一个玉龟。

放在死者胸前的勾云形玉佩，有人提出了龙神说，有人提出了凤凰说，有人提出了饕餮说，有人提出了人兽合体说，还有人提出了"花族"部落说。

不管是哪一种说法，我们应该认可的是，那些玉，应该

红山文化出土的勾云形玉佩 |

是权力的一种象征。在这里的许多墓葬中，大型墓葬多美玉，小型墓葬要么很少，要么没有。

这些玉是怎样被带进了墓中？她们与墓主人有着怎样的关系？

而那位埋藏了五千年之久的中国远古女神的双眼中，竟然还镶嵌着两块经过抛光处理的青色的圆形玉片。女神的目光坦然而镇定，带着一丝神秘和若有若无的微笑。

她是红山部落的自然神？还是地母神？还是祖先神？她眼中的玉片又是怎样的一种意义？

墓葬——祭坛——神庙，这是宗教的语境世界。

五千年以前，红山人为了生存与发展，虔诚地乞求神灵的帮助与庇护。于是，就产生了原始的宗教。

玉，汲取了天地之精华，是与上苍沟通最佳的选择。玉琮天圆地方，是与上苍沟通的法器。玉猪龙形如闪电，是祈雨的法器。玉龟是神权的象征。因为这样的象征意义，玉器由装饰品发展成了法器或祭祀的礼器，成为和神灵、和祖先沟通的工具。

这样的宗教，是不是就是所谓的玉教？

《说文解字》里说，以玉事神者谓之巫。在新石器时代晚期，玉和巫术之间发生了紧密的联系。玉的形制，镌刻在玉器上的古老图腾，都被赋予了一种神性的代表。在遥远的史前时期，部落里出现了巫师，他们是人与神之间的媒介。他们掌握着神权，是部落的精神领袖，其实就意味着他们掌握着部落中至高无上的统治权。

当一块普通的玉赋予一种精神象征后，她便不再是普通的玉，而成为被人类顶礼膜拜的神灵。以玉为媒，巫师实现了王权、神权和拥玉权的高度统一，巫师最终成为了王者。

巫，是玉器的使用者，是玉器的创造者，是玉的佩戴者。当巫师离开人世的时候，它们就作为随葬品被带入墓中陪伴主人。如果是这样，那么，墓主人就是那个部落的首领兼巫师。

有人说，红山文化积石冢和大型祭坛的出现，是中华文明起源的标志之一。在华夏文明的婴儿时期，玉就这样迎来了自己的高峰时代。

透过层层迷障，我们还可感受到红山文化的神秘。

泱泱中华是历史悠久的文明古国。可是，在红山文化重大考古发现之前，人们知道的只有夏商周以来近 4000 年的中华文明史。中华文明的源头究竟在哪里？

过去人们普遍认为，中华文明的摇篮是黄河。华夏文明由此发轫，然后再传播到华夏各地。但是，红山文化的发现，让人们重新审视中国史前的历史。红山文化，成了开启华夏史前文明神秘大门的一把"金钥匙"。

崇龙尚玉的红山人在 5000 多年前已经跨进了文明之门。司马迁在《史记·五帝本纪》中所记的活动中心，只有红山文化可以与之对应。于是，有人把考古发现与传说故事结合起来推测，认为红山人是应黄帝的邀请而南下的。因为史书上记载，黄帝平定蚩尤之乱曾经得到"女魃"的帮助。

你知道"女魃"？稀奇啊。这样生涩的知识你居然了解。什么？与应龙相爱的"女魃"？秃发的"女魃"？ "一年，两年，三年；十年，百年，千年……即使用永恒的时间来等待，我也希望能和你再见一面……"

你真是奇才啊，那是《幻想三国志》的传说，典型的不学无术！

言归正传吧。有人认为呢，"女魃"是红山王国的大军。这支进入中原的先民队伍，在战争结束后并没有回到北方，而是在中原一带活动。大概在尧的时代迁到了商丘，后来成为建立商朝的重要力量。

这样的推测不无道理。1976 年冬季的时候，考古工作者在河南安阳市郊的商代后期都城遗址中，发掘了商王朝第 22 位君王武丁的妻子妇好的墓葬。在妇好墓里，同样出土了玉雕龙。考古界普遍认为，这件玉雕龙具有红山文化玉雕龙的特性。据此，有的学者认为，红山文化是商文化的祖先。

同样还有一种现象不容置疑。那就是在中国史前时代，崇拜玉的除了红山人以外，还有生活在距今 5300 年至 4200 年的良渚文化的先民们。良渚人生活在浙江一带，他们与红山人生活的区域相隔千里。但是两地的玉器却有着许多的共性。有人据此推测，同样是红山人向中原的迁徙，才造成了长江下游地区文化面貌的急剧变化，并融入了红山文化崇玉的传统和习俗，形成了令人耳目一新的良渚文化。

如果说这样的论断是正确的话，那么，为什么在华夏文明的史册上，曾经的红山却一直保持着沉默的姿态呢？

也许，有一种文化叫转化。

也许，居于长城之外的红山文化，因为长城阻挡了史家的目光。

你没有听说过吗？有专家指出，两千多年来，中国的历史学家们上了秦始皇的一个大当。

人居长城之外，文在华夏之先。这是不争的事实。包括红山文化，当然也会包括你所在的甘肃大地上的文化。

你应该为之而兴奋。

七

史前的日头照耀着史前的土地，史前的明月爱抚着史前的山川。漫漫史前文明史是一处神秘而丰腴的沃野，是史家们孜孜不倦拓荒的处女地。今天，面对诸多的史前文化发现，不禁想起曹孟德的那首诗：东临碣石，以观沧海。水何澹澹，山岛竦峙。树木丛生，百草丰茂。秋风萧瑟，洪波涌起。日月之行，若出其中。星汉灿烂，若出其里。幸甚至哉，歌以咏志！

面对灿烂星汉，真有种牙牙学语的感觉。

还是按照"上北下南，左西右东"的规矩走吧。游走在中国地图上，讲完了辽河领域的兴隆洼文化、红山文化，让我们共同来领略黄河岸边的史前文明与玉文明。

距今大约8500年至7000年前，华北、辽河、江浙一带出现了一系列考古文化，主要有陕西渭南老官台文化和河北武安磁山文化，约在7000年至6000年前，这两支文化在中原地区融合成了仰韶文化。

那时，黄河下游是大汶口文化，辽河流域则属于红山文化。

1921年，瑞典人安特生首先在河南渑池仰韶村发掘了仰韶文化遗址。这是继裴李岗文化之后，在黄河流域兴起的一种十分强大的文化。

你了解裴李岗文化吗？裴李岗文化是我国黄河中游地区的新石器时代文化，由于最早在河南新郑的裴李岗村发掘并认定而得名。考古学家赵世纲曾经在一篇文章里这样说道，西亚的新月形地带和中国的嵩山东麓，好像东西并列的两座灯塔。远在8000年前，同时期出现在亚洲的两翼，标志着东半球进入了"农业革命"新时代的黎明时期。专家们考古证实，这里有目前中国已知最早的陶器文明，这里发生过中国最早的农业革命。

我很喜欢一位学者想象的裴李岗人的生活。在那片丘陵台地上，裴李岗人用耒耜、石斧、石铲耕作，用石镰进行收割，用石磨盘、石磨棒加工粟粮。他们建有许多陶窑，他们结束了游牧生活，他们用龟甲、骨器和石器刻符记事。休息的时候，男人们拿起石片、陶片，和着七孔骨笛伴奏，那音律相当准确；女人们打扮得花枝招展歌之蹈之。她们的发髻梳得很高，头上插着骨笄，身上佩着骨饰和松绿石。他们建有公共氏族墓地，小孩子死了就装在瓮里安葬，成年人死了不分男女一律头南脚北安葬。活着的人们还根据他们生前的功劳或贫富，陪葬应有的生产工具或生活用具……

这，就是中原最古老的文明。

裴李岗文化，填补了旧石器时代至新石器时代中晚期之间的一段历史空白，完成了中原新石器时代裴李岗文化到仰韶文化再到龙山文化的序列。继裴李岗文化之后发展起来的仰韶文化，主要分布于黄河中下游一带，以秦晋豫三省为核心，以陕西大部、河南西部和山西西南的狭长地带为中心，东至河北中部，南达汉水中上游，西及甘肃洮河流域，北抵内蒙古河套地区。它分布之广泛，延续之久长，内涵之丰富，影响之深远，展现了中国母系氏族制繁荣至衰落时期的社会结构和文化成就，是新石器时代文化中的一支主干。这样的文化，在世界范围内都十分罕见，首屈一指。

哦，需要告诉你，仰韶文化最精彩的篇章不是玉，是彩陶。由于仰韶文化遗存含有一定数量的彩陶，所以也曾被人们称为"彩陶文化"。人们所熟知的半坡文化，也属于仰韶文化。他们制作了世界上最古老的乐器陶埙。由此我们也可以这样考虑，不论是从陶的色彩，还是陶器的类型而言，仰韶之陶已经抹上了浓烈的艺术色彩。那也是属于一种文明的进步。

仰韶文化上下数千年，纵横几千里，在长达 2500 多年的历史行程中，逐渐形成为中华民族原始文化的核心部分。它不断吸收周围诸文化的因素，又给周围文化以不同程度的影响，共同为中华民族文化的形成奠定了基础。我们所了解的远处辽河上游的红山文化，也含有仰韶文化的纹饰和器形。甚至有人认为它是仰韶文化向东北发展的地方支系。

人不为己，天诛地灭。我不知道这样的道理究竟是对还是不对？人类说话太古怪，不像我们玉类那样清纯通透，该一就一，该二就二。人类围绕一个问题，有一个正命题便绝对有一个反命题，而且在他们的伦理体系里二者都是绝对的正确。真奇怪。

为了不引起太多的争论，我不用这个提法了。还是换一种说法吧。

亲不亲，家乡水。每当我提起某个时代的人类怎样生活，你总是抑制不住地要想起自己脚下的这片土地。涌动于每个人血液中的地域因子总是让人们无论在何时何地都会想起自己的故乡，这是没有办法的事。

吾心安处即故乡。提到黄河流域的文明，不能不提到陇原大地。那就说说让你安心或者开心的事吧。

金张掖，银武威，金银不换是天水。早在史前时期，甘肃天水秦安的大地湾遗址属于老官台文化。距今 7500 年前，人类进入仰韶文化晚期。后来，据专家们在黄河中上游的调查，甘肃境内拥有仰韶文化的遗存多达 1000 多处。那时候，渭水上游至陇东一带出现了秦安大地湾那样的大型中心聚落。黄河上游的甘青地区，更西的湟水流域出现了马家窑文化，这是仰韶文化中、晚期向西发展所形成的一个地区性支系，属于早前扩展到的仰韶文化的异化，并最终从仰韶文化中分离了出去。

关于马家窑文化，你不要急，让我们在走进陇原的日子里慢慢去欣赏。但面对大地湾遗址，其实我也有着抑制不住的冲动。

大地湾遗址属于仰韶文化早期，是我国当前发现最大、最完整的村落遗址之一，堪称"陇原第一村"。1978 年至 1984 年，甘肃省文物工作队对大地湾遗址进行了考古发掘，出土了土陶、石、玉骨、角、蚌器等文物 8000 余件，发掘房址 240 座，据测定，该遗址距今约为 7800 年至 4800 年。

走进大地湾，到处都散落着象征远古文明的彩陶碎片。据专家考证，这里是中国迄今所知最早的彩陶文化发祥地。大地湾出土的彩陶纹

马家窑彩陶王国

饰简单流畅，色泽鲜艳。它们和当前国外发现最早的彩陶——耶莫有陶文化和哈苏纳文化年代大致相当。郭沫若认为，彩陶上的那些刻画印记，可以肯定地说是中国文字的起源。

大地湾原始宫殿遗址开创了后世房屋土木结构建筑的先河，是中国宫殿建筑的雏形。无论是时间、规模、遗迹遗物的丰富程度，还是研究价值，都绝不逊色于西安的半坡遗址。这里出土的炭化植物种子，经鉴定是禾本科的黍，也就是我们常说的糜子。还有十字花科的油菜子。说到这里的时候，我的眼前总是出现在中国甘肃西部经常见到的满山遍野的油菜花。就像这次盛夏时节的"玉帛之路"行上所看到的那样，在武威天祝藏族自治县乌鞘岭脚下，在张掖扁都口，在肃南裕固族自治县，在青海门源，所到之处，处处皆可看到在蓝天白云下那片金黄的世界。摄人魂魄，心旌荡漾。只有在这样的时刻，我们才能找到万物的出处。原来，早在史前时期，在这片土地或者更辽阔的土地上，油菜花的清香和色泽已经成为那个季节里天底下最美的风景。

当然，它们是目前国内同类标本中发现时代最早的。

八

关关雎鸠，在河之洲。

《诗经》中的那只鸠鸟，来自江南还是塞北？《风》中唱到的在河之洲，是在长江还是在黄河？这句句咏叹，可否给她一个漂亮的描述，那就叫：放歌良渚！

良渚，美丽的水中之洲。这是人类史前文化长河中的一个美丽之洲，玉之洲。

1986 年，良渚反山遗址被发现，良渚文化走进世人的视野。专家说，文明的曙光照亮了东方的地平线。

接下来的时间里，让我们荡舟长江，领略长江流域的史前文明，且看那江，那人，那玉——

良渚文化，是我国长江下游太湖流域一支重要的古文明，因首次发现于杭州市余杭区良渚镇而得名。距今约 5300 年至 4300 年前，良渚人已进入中国新石器时代晚期。

良渚是一个十分流行玉器的社会。良渚文化玉器达到了中国史前文化的高峰，其数量之众多，品种之丰富，雕琢之精湛，在同时期中国拥玉部族中独占鳌头。

良渚多玉。良渚文化发展分为石器时期、玉器时期和陶器时期三个时期。而最具代表性者，莫过于玉器时期，以至于同样出现学者呼吁"玉器时代"的出现。这里的每一个文化遗址里基本都有玉器的出现，少则几件、几十件，多则几百件。1986 年到 1987 年，从良渚墓葬中出土的大量随葬品中，玉器就占到 90%以上。像那良渚瑶山贵族墓地随葬器物最为丰富的 7 号墓里，出土随葬品 679 件，而玉器就多达 667 件！这些文化遗址不仅出土玉器数量多，玉器雕饰精美，而且品种众多。像那玉琮、玉璧、玉钺、玉璜、玉冠状饰、玉镯、玉管、玉环、玉珠、玉坠、柱形玉器、锥形玉器、玉带及玉鸟、鱼、龟等礼器和饰品。

良渚玉美。就在红山古墓里发现玉猪龙后的三年，1986 年，在余姚反山 12 号墓发现了一件最能代表良渚玉器制作水平的玉琮。玉琮器

| 良渚文化出土的三叉形玉器   良渚文化出土的玉镯 |

高 8.8 厘米，重达 6.5 公斤，上雕"神人兽面纹"的神秘图案，器物通体乳白色，刀法细腻，相当精美，堪称琮王。

良渚文化的玉器制造业，承袭了马家浜文化的工艺传统，并吸取了北方大汶口文化和东方薛家岗文化的经验，从而使玉器制作技术达到了当时最先进的水平。大至璧琮，小至珠粒，都是精雕细琢，打磨抛光，显示出了良渚文化先民高度的玉器制造水平。与反山氏族墓地相距 5 公里的瑶山氏族墓中出土的玉匕和玉匙，则是良渚文化首次见到的珍贵餐具。

良渚之玉多内涵。大型玉礼器的出现揭开了中国礼制社会的序幕，贵族大墓与平民小墓的分野显示出了社会分化的加剧，刻画在出土器物上的原始文字被认为是中国成熟文字出现的前奏。

《周记》上说，"苍璧礼天""黄琮礼地"。良渚，那是一个宗教氛围非常浓厚的社会。玉璧、玉琮是敬天礼地最重要的宗教性礼器，良渚贵族不惜耗费劳力去开采玉料，精心制作。玉钺是军

| 良渚文化出土的青玉琮

事权力大小的象征,越高等级的
墓葬中出土的质量越为精良,而
大多数墓葬仅出土一把石钺。那
些玉琮、玉璧和冠状饰物上都有
精美的纹饰,近乎于商周青铜礼
器上的饕餮。汇观山遗址的大墓
中同时出土玉琮和玉钺。玉琮在
当时只有掌握宗教权力的巫师才
能持有,玉钺亦只为军事首领所

马家浜文化出土的玉环 |

拥有。琮、钺合葬,再次印证了巫玉时代墓主人既是军事首领、又是宗
教首领的论断。

　　别小看那一块块古玉。柳絮在风中泄露了风的秘密,古玉在遗存中
留记了古人的心事。良渚美玉的多少、大小、形制,体现人们之间贵
贱、上下、尊卑、亲疏的隶属关系,彰显了那时候以玉制度为核心的礼
制。那些埋于大型墓台之上的良渚贵族墓中,出土的玉器种类多达20
余种;那些散落于居址周围的小墓中,随葬的只有小件玉器。贵族墓之
间,贵族墓与平民墓之间随葬玉器的种类、组合差异,以及平民墓中有
无玉器随葬的差异,构成了良渚文化用玉制度的等级差别,表明了良渚

文化礼制的产生。这无疑
表明,良渚社会已从荒蛮
的史前期踏入文明的社会。

　　解读良渚,就要解读
古玉。象征财富的玉器、
象征神权的玉琮和象征军
权的玉钺,体现的是权力、

| 良渚文化出土的玉璧

礼仪、观念和习俗，映射的是政治、宗教、文化。可以说，一块块精雕细琢的玉器，就是华夏文明史最坚实的奠基石。

她们，在那个特定的历史时期里，无言地标志着人类社会从原始向文明的转变。

九

良渚古玉多，说明良渚时期玉料的用量很大，需要有丰富的玉矿来供给。那么，玉从何来呢？

之前，人们用很长一段的时间在良渚文化范围内寻找玉矿，结果没有发现这样的存在。专家们猜测，良渚玉料是不是从盛产玉的辽宁或新疆辗转运来。这一点，我是已经反复介绍过的，辽宁有岫岩玉，新疆有和田玉。

但有许多专家提出质疑。他们认为这样的观点站不住脚。他们觉得，在史前时代，人口稀少，生产力低下，运载工具和交通工具十分简陋，良渚人如何能够穿过荒野莽林、高山大川，从那么遥远的东北、西北，把玉料运到东南的良渚文化圈内？

有的专家执着地认为，在良渚文化的区域里尤其是在良渚遗址群内的天目山余脉，一定存放着古代玉石矿藏。只是还没有被今人们所发现罢。

1982年，人们惊喜地在江苏溧阳的小梅岭发现了透闪石软玉矿藏。兴奋的专家们迅速取样鉴定，结果确认这些矿藏与良渚文化玉器所用玉料相似。专家们再次认为，良渚文化的玉料来源可以确定是就地取材。

好像事情有了完结一样。其实不然，专家们又再次提出了疑问。你想想，从浙江余杭境内的良渚文化中心遗址群内出土的玉器，那可是其他遗址出土玉器数量的总和。那么，这里所需的玉料量也应是良渚文化圈内最多的一部分。如果是这样，那么多量的玉料，都会从江苏小梅岭运来吗？

其实，玉料的来源问题一直是专家们最关注的问题。我很佩服专家学者们在这一点上表现出来的执着，哪怕是一种固执也好。

一场说走就走的旅行，那该是多么美丽浪漫的事啊。

不过，君子德美要如玉。不可偏执，不可轻信。我确实也真的希望在不日的将来，有专家们在那良渚文化的圈子里找到令人兴奋的玉石矿藏，或者在千亿年后的江流之下突然出现那曾被湮没了的所在。那时候，我们的家族是不是又将多出一束奇葩？

但是，我不喜欢专家们一味强调"运玉难"的那种说法。我甚至能够想象得出来那些专家说这些话时的那个表情，好像他们就是从那个时候走过来的一样。他们的武断，让我想起现在那样慵懒的人们一样，一接到任务总是推三推四，总是强调客观条件。清朝有个叫彭端淑的不是写过一篇叫《为学一首示子侄》的文章吗？同样生活在四川的一穷一富两个和尚准备去南海取经，结果穷和尚凭着一瓶一钵完成了下南海的宏愿，而富和尚还在做着准备下南海的工作。作者说："西蜀之去南海，不知几千里也。僧富者不能至，而贫者至焉。人之立志，顾不如蜀鄙之僧哉！"

办法总比困难多。关键在于你有为不有为。况且，那时的玉，已经不再是一块关于石头的玉了。在玉所承载的精神信仰下，从遥远的地方采玉运玉难道仅仅会是一种神话？

所以我想说，这个世上有什么事儿是一个定数呢？你凭什么如此武断地妄下结论呢？就目前咱们所知的那丁点儿史前知识里，有多少我们认为不可能发生的事情不是都奇迹般地出现了吗？你想想，史前的人们哪里有今天的人们这么忙碌，哪里有今天的人们这样去顽强地追逐功名利禄。他们不需要急着在十天半月里完成一场玉的运输。那就好了，一年，两年，三年地去采，或者一块，两块，三块地去搬。再说了，远古的人们好像也不需要急着回家吧，走到哪里哪里就是家啊，你只要一步一步地走就行，那就是生活的全部要义。走不动了，留下来，那就是家。死了，那里的黄土青山照样接纳你。

是不？在这样的背景下，有什么样的玉不能完成运输呢？

事实确实如此。在旧石器时代，人们的活动范围非常有限，不可能有意识地同千百里外的人群发生关系。但人们迫于生活总会不时地进行迁徙，每次迁移的距离虽然不长，迁移方向也不大一致，但在几千年甚至几万年的时间长河中，经过无数代人的不自觉的接力，人类文化就可能传播到遥远的地方，还可能与不同谱系的文化发生交流。这就是为什么旧石器文化不仅呈现出多样性，而且在相当大的范围内具有明显统一性的缘故。

存在，即合理。

玉，不是静止的，是运动的。刚刚还说的是玉料的来源。这不，又有专家们提出了良渚美玉的交流。同样，这也是玉的运动。

专家们注意到，良渚文化的玉器，在黄河流域的山西陶寺和广东石峡等氏族墓地中都曾有过出土。而在良渚文化的上海马桥、嘉兴雀幕桥等遗址中，又出土了山东龙山文化的陶器。这一现象表明，新石器时代晚期至夏代，手工业产品的交换活动不仅在部落集团内部频繁地进行，而且同生产活动一样，已成为社会经济活动的一项越来越重要的内容。

陶也罢，玉也罢，看来都一直处在交换的、运动的状态。

考古发现的良渚古城，是目前我国所发现的同时代古城中最大的一座，人们称之为"中华第一古城"，它标志着良渚文化已经进入了成熟的史前文明发展阶段。我们可以畅想，在那时的良渚古城外，应该有高等级的玉器作坊吧，在良渚古城外的通道上，总有一拨一拨的人们将玉料运来，总有一拨一拨的人们将精美的玉石运出。在这频繁的交流运动中，玉划拨着人类文明的舟楫，一直前行。

良渚之玉美矣，美在迷惑众多。玉器的原料之谜，瑶山墓葬的玉璧之谜，玉的切割与工具之谜，玉器的钻孔与打磨之谜，玉器的雕琢工具之谜……一个个迷惑就是一个个诱惑。在良渚古玉的妩媚与诱惑中，人们继续着美玉的研究，改写着"汉玉"的历史，而世界上许多大博物馆对旧藏玉器重新进行着鉴定和命名的工作。

求之不得，寤寐思服。

左右采之，琴瑟友之，钟鼓亦乐之。

十

要了解玉，不了解文化是不行的。不懂史的人，怎么会懂得玉。这也就是我反复强调的文化的格局。你只有把她放置在宏大的历史背景上，你才会看到一个立体的玉、真实的玉、鲜活的玉。

其实我也讲解得实在太累了。但我一直在告诉自己，要学会坚守。

有坚守，就会有出口。

依着缘来缘去的心念，我将在这里对中国史前文明做个一次性的作结。如果你在未来的日子里突然觉察到了文化的空缺或窒息，那也是你自个的造次。

一直以来，人们认为黄河流域是华夏文明的摇篮。其实应该这样表述，黄河流域是孕育华夏文明的一个重要源头。尤其是黄河中下游，一般被认为是中原文化区。根据古史传说，这一带曾是黄帝和炎帝为代表的部落集团活动的地域，以后在这里形成华夏各族。这个地区在新石器早期有老官台文化和磁山文化，到新石器晚期融合为仰韶文化，但在内部仍保持不同的地方类型。此后发展为中原龙山文化，其中亦包含许多地方类型。

仰韶时代被誉为"彩陶文化"，龙山文化则被誉为"黑陶文化"。

龙山文化，因首次发现于山东济南龙山镇城子崖而得名，距今约5300年至4000年前。在考古学上，是铜石并用时代的晚期；从古史传说的内容看，大致相当于传说中的尧舜时代。

山东丘陵及其附近的平原地区，是传说中以太昊和少昊为代表的两昊部落集团活动的区域。那里较早为北辛文化，继之而起的是大汶口文化，大汶口文化以后发展为龙山文化，龙山文化的继承者是近年来发现的岳石文化，一般认为是夏代夷人的文化。

龙山文化分布在黄河下游，河北、河南、山西、陕西的同时代遗存则被称为中原龙山文化。长江中游有石家河文化，长江下游则有良渚文化。黄土高原西头的甘肃和青海东北部地区，最早是没有陶器的拉乙亥文化。其后，在仰韶文化的传入和强烈影响下产生了马家窑文化。到龙山时代，又发展为齐家文化。这些文化虽然各有特色，但也有不少相同或相似的因素，它们所代表的时代则被称为龙山时代。

距今4000年左右，中国已经处在古代文明产生的前夕。龙山文化出现了较多的城址，印证了古史记载中的"万邦时期"。那时的人们开

│ 龙山文化出土的玉斧 │ 龙山文化出土的玉人头像 │ 龙山文化出土的玉璇玑 │

始使用铜器，如登封王城岗遗址发现了目前国内所知最早的青铜容器残片。铜器的发明和使用，极大地推动了古代社会生产力的发展。发明了水井开凿技术，为人们远离河流谷地向内陆地区发展提供了可能。与此同时，这个时代的手工业获得了多方面的突出的成就，其中包括冶铜、缫丝、酿酒和快轮制陶等。早在仰韶文化后期就已出现个别的铜器，到龙山时代便比较普遍了。多数器物的质地为红铜，也有用青铜或黄铜做的。制造方法有锻打和熔铸。而精美的黑陶是龙山文化的主要特征。

这里有必要再为你强调的是，在河南西部的一支以王湾三期为代表，其后发展为早期青铜时代的二里头文化。二里头文化，距今 4000 年至 3600 年。在这里，考古学家发现了中国最早的宫殿遗址，被学者们称为"华夏第一王都"。在这里，还出土了大量的玉戈、钺、铲、圭、琮、刀、璜形玉等，她们的造型、雕琢、钻孔、抛光等技术，达到了相当高的水平。专家普遍认为，二里头文化与夏文化有着紧密的直接联系，相当多的学者认定二里头文化就是夏文化。

孰是孰非，还有待后人的考证。和你一起走在"玉帛之路"上的易华教授，不是一直致力于研究夏商周断代工程吗？或许，在之后的对谈中，我们还会继续回到这一课题上。

20 世纪 70 年代，在河南安阳殷墟妇好墓出土了 755 件玉器。殷墟的玉器种类很多，据不同形制和用途可大致分为礼器、仪仗、工具、用具、装饰品、艺术品以及杂器等。在这些玉器中，仅装饰性玉器就超过半数，多于礼器、仪仗、工具、杂类的总和，这说明商玉的社会功能已经发生了较大变化。玉雕是殷代的重要手工业之一，从殷墟玉器的造型设计和艺术风格等方面考察，其成就并不亚于殷代青铜器。妇好墓所出土的 1 件玉龙、2 件玉虎、1 件怪鸟都是上好的艺术品。

殷墟玉器是中国古代文化遗产的一个组成部分，充分体现了殷代广大玉雕艺人的高度智慧和创造才能。这些玉器的发现，不仅使人们对殷代玉雕艺术有了比较全面的了解，而且对研究中国玉雕史、艺术史以及殷代的社会、经济和文化等方面的有关问题均有重要的参考价值。由此伊始，人们也一直在讨论着商朝都城中的玉石是否来自于新疆和田。《玉石传奇》里说，商王高宗武丁为了征玉，发动了持续三年的讨伐西北鬼方的战争。资源，往往是战争的根本目的。

还有石峁遗址，这也是今人谈玉绕不开的一个课题。石峁遗址位于陕西省神木县高家堡镇洞川沟附近的山梁上。20世纪20年代，外国人在此搜集到数千件玉器。日本、美国、英国等国家的许多博物馆均收藏有石峁玉器。1976年7月，陕西省考古专家从神木农家征集到127件玉器，有刀、镰、斧、钺、璇玑、璜、牙璋、人面形雕像等。其中玉人头像价值最高，存于陕西历史博物馆。2012年再次考古发现7件玉器，主要是玉铲、玉璜等，最长的玉铲有18厘米，已有4000年的历史。

神木石峁石城规模大于年代相近的良渚遗址、陶寺遗址等。结合地层和出土遗物，初步认定其最早修建于龙山文化中期或略晚，兴盛于龙山文化晚期，夏时废弃，属于中国北方一个超大型中心聚落。

长期以来，在人们的印象中，我国黄河上游的西北地区一直贫穷落后，好像真的属于文化的沙漠荒原地带。但是，近年来的一些考古发现对此提出了质疑。一些重要文物的出土，表明这里不是文明的沙漠，而是文明的绿洲。这里的文明，更是那样的异彩夺目。

除却之前我们所谈到的大地湾遗址，还有之后我们将亲自走进的马家窑文化和齐家文化。在青海省和甘肃省的交界处有一个喇家村，人们在这里发现了四千年以前的玉器，还发现了一把玉刀。

喇家村以及周边地区没有玉矿，这些玉器的原料会是从哪里来的呢？专家们这样猜测：可以想象，早在四千年前，在遥远的西域和田就有一支商队出发，他们涉过流沙，沿着昆仑山前行，到达青海的格尔木，然后又汇同这里的玉石商人继续向东跋涉，到达了今天的喇家村。这儿是一个玉石的集散地，一部分玉料留下之后，剩余的将继续向中原地区扩散。

这条"玉石之路"出现在现代人只能用神话传说来想象的年代。那些怀揣玉石的人们，很可能只穿着麻布和兽皮，却要趟过雪山草地，忍受寒冬酷暑。

十一

一位学者在细心研判华夏史前文明区的分布后，兴奋地看到，华夏史前文明区就像一个巨大的花朵，以中原文化为花心，各个文化区呈现出花瓣盛开的模样。多元的文化相互影响，相互渗透，相互作用，相互激发，使整个中国的新石器文化就像一个巨大的重瓣花朵绚丽开放。

在长江流域，继浙江河姆渡文化和江苏马家浜文化之后，崧泽文化在很大方面都有了很大的进步。尤其在玉器方面，显示了长江下游地区玉文化发展的强劲势头。崧泽文化早期出土的玉器并不多，品种上多玦少璜。到了中期，璜、环、珠、坠等器形出现，器物也更加精致。崧泽晚期出土了较大型的玉镯、玉璧和超大型的玉斧。这些玉器器形规整，器表光洁，打磨精致，钻孔熟练。在崧泽文化时期，女性佩带这种玉璜和玉镯成为一种风气。

崧泽玉器在产品造型上富于变化，如同一处出土的三件玉玲，样式各不相同，一件是淡绿色，圆饼形，一侧穿一个小孔；另一件同是淡绿色，却做成了璧形，还有一件是墨绿色，鸡心形，中间穿一个孔。崧泽出土的玉璜较多，这些单璜被当做项饰，制作精细的玉璜受到社会重视并开始具有一定的礼仪性质，玉璜的使用者多为地位较高的权贵阶层，为后世玉文化、德佩等观念和习俗奠定了基础。崧泽的墓葬中出现了口内放有玉琀，颈部佩带玉璜，手臂上有玉镯，说明当时已经出现了贫富分化。

安徽凌家滩文化遗址距今约5300年至5600年，是长江下游巢湖流域迄今发现面积最大、保存最完整的新石器时代聚落遗址。遗址还出土了两件科学文化史上有着特殊意义的文物——玉龟和玉版。专家推测，玉龟和玉版有可能就是远古洛书和八卦。

十二

总是要作结。

遥远的史前时期是华夏文明的根。我们在摒弃了华夏文明"西来说""中原中心论"种种偏见后，才迎来了今天多姿多彩的寻梦之旅。

触摸文化的史前史，那里有一片扑朔迷离的大地，有一片时而阳光明媚时而乌云密布的天空，有一批批前仆后继的行者，有一段段血火传奇。烽火狼烟、刀耕火种、巫玉盛行……写满在史前的石、玉、骨、铁、铜、陶上。

有人说，中国的地形，是自西向东由青藏高原，蒙新高原、黄土高原和云贵高原，东部平原和丘陵地带三级巨大的阶梯构成一把巨大的躺椅，背对欧亚大陆腹地，面朝辽阔的太平洋。我们的先祖，就在这张偌大的躺椅上，在这个巨大的地理单元里，开始了漫长的生存和发展。

玉，就在史前的日头下闪着熠熠的光芒。在众多的苍生中走进了人们的视野，走进了国人的灵魂。

每一块玉，都有她的神话信仰；每一块玉，都隐约潜含着某种神话观念；每一块玉，都是人类文明前行的巨大动力。

从最初出现的玉玦、玉璜，到随后出现的玉璧、玉琮、玉璋、玉琥，因着玉石崇拜而产生的巨大传播力，中国玉从8000年前开始行走，用了大约 4000 年时间，基本上覆盖了华夏热土。

经历了史前文明的华夏美玉，完成了由装饰性向礼仪性玉器的发展，在人类文明到来的时代，也迎来了玉器道德化、宗教化、政治化的新时代。

玉，且行且美。

玉视:
玉帛之路山海经

新世纪以来的那场"玉帛之路"再发现之旅的首站，就在陇原之上的武威。那是你的家乡，是你心中永远的"日不落帝国"。

你深爱着脚下的那片土地，你穷你之前的四十多年光阴，只是为了放大来自家乡的微弱的声音。你恨不得让每个人都因受你扎入骨髓的那种深爱感染而"不辞长做武威人"，或者至少让每个人都能对你的家乡发出那种啧啧的赞叹，或者用今天时兴的网上表情点个"赞"！

你迫不及待地希望开始我们的探索之旅、希望之旅。如此，你便可以与我共叙武威、共叙河西走廊的种种美好。

但是，请你也理解我的慢条斯理。

凡事总有个起因、经过和发展。

没有背景的故事不是故事。没有来头的故事也不是好故事。

一

格玉，不能不提到《山海经》。

"地之所载，六合之间，四海之内，照之以日月，经之以星辰，纪之以四时，要之以太岁。神灵所生，其物异形，或夭或寿，唯圣人能通其道。"

是的，这是《山海经·五藏山经》中《禹曰》开篇词的一段话。

禹曰者，想当然就是大禹曾经说过的话。大禹，你是知道的，那是先夏时期华夏大地上的国家元首或者说是部落联盟酋长。大禹治洪水、定九州的事儿，大家都非常熟悉。

但我觉得，他最有名的事情在于，当古埃及法老正热衷于征调大批劳工为自己修建高大坚固的金字塔陵时，他却主持实施了人类历史上第一次大规模的国土资源考察活动，并留下了著名的考察笔记《五藏山经》，或者应该叫做《五山藏经》。

翻阅言简意赅、行文简约的《山海经》，在你的眼前定然会出现这样一幅情景：在远古的四五千年前，那个英雄的帝禹，率领一支考察队，风尘仆仆地穿行、游走在华夏大地的一个个山陵江河畔。没有动力车，只能靠步行。史书上好像也没有记载过乘骑快马或者骆驼之类的交通工具，想想最奢侈的，也许就是能够顺水而行的好像皮筏子那样的所谓的舟楫吧。没有望远镜、定位仪，彼此之间只能是一山遥呼一山应。没有今天的笔记本电脑，没有纸笔，他们也许只能画在岩上、记在心间。就这样，他们跋山涉水，风餐露宿。站立山巅，他们指点江山，望山而寻形；没入山野，他们观天象，辩走向，识虫兽，尝百草。他们真正用脚步丈量着青山，用自己的实践认识着自然，认识着世界。

在这支勇敢的队伍里，有人拿着规或

大禹治水大山子

矩、绳子之类的测量工具东奔西跑量长度、测高度，有人在那里高声报告着结果："又东四十里，有啥啥山；又西百二十里，有啥啥山……"，有人在远古的"纸"上记着信息的符号，或者绘着山与海的地图……

指点江山，挥斥方遒，激扬文字。这在那遥远的远古，是一件多么气壮河山的壮举啊。没有那年那月的那一场行走，我们今天靠着什么去认识我们生活着的这片土地的童年呢？

测绘，就是在考察；考察，就是在认识。面对那样一个神秘的世界，远古的人们一直迈着执着、坚韧的步伐。

有人说，伏羲、女娲，分持规和矩。他们是认识和管理那片土地的领头人。

有人说，所谓"巫"者，就是两人在天地之间，分拿着直尺和绳子在进行着测量。禹脚有跛疾，巫者多学禹步。他们同样在了解和认识这个世界，并帮助更多的人解开难解的谜底。

而大禹曾遇羲皇，羲皇授之以玉简。据说那玉简，其实就是测量长度的标准尺。

知晓掌管区域的地理状况，掌握域内丰富的资源信息，这样的"可知论""系统论"，对于每一个部落、方国和国家来说，那实在是太重要了。因为他直接决定着自己的子民怎样生存，依靠什么而生存。"世岂知有此物哉？大禹行而见之，伯益知而名之，夷坚闻而知之。"西汉的刘歆说，《山海经》皆圣贤之遗事，古文之著明者也。正是远古人们对未知认识世界的欲望，催生了"天下第一奇书"《山海经》。可以说，这是一部中华远古文明的第一宝典。在那里，记载着人类远古文明的遗存。它那宏伟瑰奇的叙事，丰富奇特的信息，富饶迷人的资源，千古未解的玄谜，都给人们留下了一片片云彩缥缈的远古天空。她们，连同三坟、五典、八索、九丘，共同筑起了宏大的华夏远古的信息"金字塔"。

我为什么要和你谈《山海经》呢？因为那山、那海里，有我们"玉"的家乡、"玉"的影子。而"神灵所生，其物异形，或夭或寿，唯圣人能通其道"。我们需要知道圣人所能通的那"道"啊。

没有了远古以来的"道"，何有数千年渊源而来的那一条条"路"呢？

二

陆陆续续的记载中可以想见，《山海经》是帝禹的地理大发现，是那个时代的国土资源考察白皮书。这部被学者称为古中国的 X 档案，是一部古老的百科全书，是一部带有密码性质的著作。

同样，这也是一部"玉"在先夏时期华夏热土上的百科书。

华夏热土多美玉。这是不争的事实。

《山海经》有多少种版本，我没有太多充裕的时间去和你讨论。就目前我所了解的那一版里，包括了《五藏山经》《大荒四经》《海外四经》《海内四经》和《海内经》。《五藏山经》里记载了散布在 26 条山脉 447 座山中的 673 处矿石产地和近百种矿产资源。

且让我们一起去寻那散落在帝禹考察笔记中的"玉"。我不知晓，远古的人们，为什么对南方充满着神圣的崇拜和尊敬。在先祖的意识里，南为上。映入我们眼帘的，首先便是那《南山经》。

《南山一经》里说，南山经之首曰鹊山，其首曰招摇之山，临于西海之上，多桂，多金玉。那里的堂庭之山，多水玉；即翼之山和箕尾之山，多白玉；基山和青丘之山，其阳多玉。

《南山一经》记载了 9 座山，而有玉之山便达到了 6 座。南山一经里的山在哪里？今天的人们还在不断地探寻对证。

　　《南山二经》里说，南山二经之首曰柜山，其中多白玉。尧光之山，其阳多玉；洵山，其阴多玉。瞿父之山和句余之山，无草木，多金玉。成山、会稽之山、仆勾之山，其上多金玉。这里还有一座叫做浮玉的山。那漆吴之山，无草木，多博石，无玉。

　　《南山二经》记载了 17 座山，有玉之山有 8 座。请你特别注意，不知道别的山上是不是有玉，记载者没有说。而像漆吴之山上多博石而无玉，记载者却在这里明确说了。这样的表述非常有趣。

　　包括《南山三经》，华夏南山共记载了 39 座山，而有玉之山就有 18 座。用现代人的占比统计，达到了 46%。也就是说，这个数字显示着在南山系统里，有玉之山占据着一定的比例。

　　有专家说，南山一经之山在哪里，人们不能确定；但二经之山通过那会稽山、太湖等地名的记载，可以推断这里应该在今天的浙江省周围。而我们之前所了解到的河姆渡遗址、良渚文化遗址，便出现在这些区域。还有大禹召开天下诸侯大会商议治水大计的地方，便是所谓的"会稽"之山。

　　还有那个浮玉之山，书中没有说这里有玉，但那山名却包含着"玉"。个中幽秘，只待慢慢悟证。

三

　　再来一起看看《山海经》中关于《西山经》的记载吧。

　　《西山一经》记载了 19 座山，其中小华之山、石脆之山，其阳多雩孚之玉。黄山、龟山和翠山，其中多玉。竹山之下的竹水出北流注入渭水，其阳多苍玉；竹山之下的丹水出东南流注于洛水，其中多水玉。漆水出北流注于渭，其阳多婴垣之玉。时山，其中多水玉。大时之山，阳多白玉。

这样的有玉之山有9座。

《西山二经》载：西次二经之首，曰钤山，其下多玉。泰冒之山，其中多藻玉。数历之山，其中多白珠。高山，其下多青碧。龙首之山，其中多美玉。鹿台之山、小次之山，其上多白玉。大次之山，其阳多垩，其阴多碧。薰吴之山，多金玉。众兽之山，其上多䍐孚之玉。皇人之山，其上多金玉。

《西山二经》的17座山中，有玉之山达到了10座。这些山，大抵在秦岭以北甘青宁一带吧。

《西山三经》呢，19座山，有玉之山也有10座。罢父之山，其中多碧。申山，其阳多金玉。鸟山，其阳多玉。申首之山，是多白玉。泾谷之山，是多白金白玉。刚山，多䍐孚之玉。鸟鼠同穴之山，其上多白玉。英鞮之山，下多金玉。中曲之山，其阳多玉。崦嵫之山，其阴多玉。

《西山四经》里出现了"帝之下都"的巍巍昆仑，出现了西王母所居的玉山，出现了轩辕丘，出现了阴山，出现了三青鸟居之的三危山。这里的22座神山峻岭里，有玉之山达到了15座。槐江之山，多藏琅玕、黄金、玉。书中说，站在槐江之山上，"南望昆仑，其光熊熊，其气魂魂。西望大泽，后稷所潜也，其中多玉"。

那里的乐游之山，是多白玉。长留之山，是多文玉石。幼山，其上多婴短之玉，其阳多瑾瑜之玉。流沙之山，其上多玉。符阳之山，其下多金玉。鬼山，其上多玉而无石。天山，多金玉……

《西山经》所记载的这些苍苍青山，大都位于今日中国的西部地区，秦岭以北的黄土高原、河西走廊和天山一带。这些记载表明，早在4200多年前的帝禹时代，华夏西部还是绿色的原野。

这里的有玉之山达到44座，占到了山脉总数的57%以上。据我所统计和了解的结果，西山经中有玉之山的比例高居五藏山经之首。

四

那北山，同样是玉的光明世界。

《五藏山经·北山经》里记载：

又北二百五十里，曰求如之山，其上多铜，其下多玉。

又北三百里，曰带山，其上多玉，其下多青碧。

又北三百八十里，曰虢山，其阳多玉。

又北四百里，至于虢山之尾，其上多玉而无石。

又北二百八十里，曰石者之山，其上无草木，多瑶碧。

又北二百里，曰潘侯之山，其阳多玉。

又北二百八十里，曰大咸之山，无草木，其下多玉。

又北二百里，曰少咸之山，无草木，多青碧。

又北百八十里，曰浑夕之山，无草木，多铜玉。

北次二经之首在河之东，名曰管涔之山，其下多玉。

又北二百五十里，曰少阳之山，其上多玉。

又北五十里，曰县雍之山，其上多玉。

又北二百里，曰狐岐之山，无草木，多青碧。胜水东北流注于汾水，其中多苍玉。

又北三百五十里，曰白沙之山，其多白玉。

又北三百八十里，曰狂山。狂水西流，其中多美玉。

又北三百里，曰诸余之山，其上多铜玉。

又北三百五十里，曰敦头之山，其上多金玉。

又北三百五十里，曰钩吾之山，其上多玉。

又北三百里，曰北嚣之山，无石，其阳多碧，其阴多玉。

又北三百五十里，曰梁渠之山，无草木，多金玉。

又北三百八十里，曰湖灌之山，其阳多玉，其阴多碧。

又北水行五百里，流沙三百里，至于洹山，其上多金玉。

又北三百里，曰敦题之山，无草木，多金玉。

北次三经之首曰太行之山，其首曰归山，其上有金玉，其下有碧。

又东北二百里，曰龙侯之山，无草木，多金玉。

又东北二百里，曰马成之山，其上多文石，其阴多金玉。

又东北七十里，曰咸山，其上有玉。

又东北二百里，曰天池之山，其上无草木，多文石。

又东三百里，曰阳山，其上多玉。

又东三百五十里，曰贲闻之山，其上多苍玉。

又东北三百里，曰教山，其上多玉而无石。

又南三百里，曰景山，其阳多玉。

又东南三百二十里，曰孟门之山，其上多苍玉。

又东南三百二十里，曰平山，多玉。

又东二百里，曰京山，有美玉。

又东二百里，曰虫尾之山，其上多金玉。

又东三百里，曰彭毗之山，其上无草木，多金玉。

又东三百七十里，曰泰头之山，其上多金玉。

又北二百里，曰谒戾之山，其上多松柏，有金玉。

又东三百里，曰沮如之山，无草木，有金玉。

又北二百里，曰发鸠之山，其上多柘木。有鸟曰精卫，衔西山之木石堙于东海。

又东北百二十里，曰少山，其上有金玉。

又东北二百里，曰锡山，其上多玉。

又北二百里，曰景山，有美玉。

又北百里，曰题首之山，有玉，多石，无水。

又北百里，曰绣山，其上有玉，青碧。

又北百二十里，曰敦与之山，其上无草木，有金玉。

又北百七十里，曰柘山，其阳有金玉。

又北三百里，曰维龙之山，其上有碧玉。

又北百八十里，曰白马之山，其阳多石玉。

又北三百里，曰泰戏之山，无草木，多金玉。

又北三百里，曰石山，多藏金玉。

又北三百里，曰陆山，多美玉。

又北百二十里，曰燕山，多婴石。

又北山行五百里，水行五百里，至于饶山，是无草木，多瑶碧。

又北四百里，曰乾山，无草木，其阳有金玉。

又北五百里，曰碣石之山，其上有玉，其下多青碧。

又北水行四百里，至于泰泽，其中有山，曰帝都之山，无草木，有金玉。

纵横逶迤的 103 座山，横亘在华夏北方。而 56 座山上，就有玉的家。

玉们，以不同的方式、不同的类型，在不同的地点砌着一个冰清玉洁的世界。有的居山之阳，有的居山之阴，有的居上，有的居下，有碧玉，有瑶碧，有青碧，有苍玉，有水玉，有白玉……

五

东山少玉。

《五藏山经·东山经》记载着 47 座山，而有玉之山仅有 18 座。在那里，田山、泰山、高氏之山，其上有玉，其下有金。旬状之山、岳山，其上多金玉。独山、剡山、太山、凫丽之山、尸胡之山、每隅之山、支踵之山，其上多金玉，其下多美石。峄皋之山，其上多金玉，其下多白垩。碧山，无草木，多碧、水玉。缑氏之山、姑逢之山，无草木，多金玉。钦山，多金玉而无石。东始之山，上多苍玉。

东山少玉，然而东方有一座泰山，就已在五大家族里拥有了"会当凌绝顶，一览众山小"的煌煌气魄了。《山海经》开篇便说："封于泰山，禅于梁父，七十二家，得失之数，皆在此内，是谓国用。"12位远古帝王曾在这里举行古老的封禅仪式，敬天礼地。那是齐鲁大地唯一的高山，那里有5000年前的大汶口文化遗址。而在7400年前海侵甚时，泰山一带几乎变成海中孤岛，并成为周边逃难者的救生之地。

畅游《山海经》中的东方之山，收获到的还有更多有趣的信息：

"又南五百里有硬山，有兽，其状如马，而羊首、四角、牛尾，其音如嗥狗，其名曰峳峳，见则其国多狡客。"我们今天所防不胜防的"忽悠"，莫不是昔日古书中记载着的"峳峳"呢。

"有兽状如牛而白首，一目而蛇尾，其名曰蜚，行水则竭，行草则死，见则天下大疫。"在远古的时代，那种可怕可恶而可憎的"大疫"——蜚，难道早已流布于世间？

而研究《山海经》的美国学者亨莉埃特•默茨女士在对《东山经》地理方位进行考证后却认为，《东山经》四条山脉记述的，应该是北美洲的地形地貌。

对于中国人早在4200年前就来到美洲进行资源考察的伟大创举，这位可爱的女士在《几近褪色的记录——关于中国人到美洲探险的两份古代文献》中写道："对于那些早在四千年前就为白雪皑皑的峻峭山峰绘制地图的刚毅无畏的中国人，我们只有低头，顶礼膜拜。"

六

《中山经》中录山 181 座，而有玉之山 80 座。

在那十二之经中，《中山一经》早已流佚。

《中山二经》之首济山西南二百里，曰发视之山，其上多金玉。豪山，其上多金玉而无草木。蔓渠之山，其上多金玉。

《中次三经》蕢山之首，曰敖岸之山，其阳多㻬琈之玉。书中说，神熏池居之，是常出美玉。那位叫熏池的神是当地尊奉的人神，专门负责管理制作精美的玉器。熏者，涉及用火；池者，涉及用水，制作美玉，那是一项需要用水用火的技术含量很高的工作。这熏池，应该算是美玉之神吧。

这山的方位，据有的专家考证，在今日洛水与黄河交汇的洛阳、孟津、偃师一带。伏羲曾在这里得到龙马敬献上的河图，周武王曾在这里会盟八百诸侯渡河北伐商纣王。

还有青要之山，实惟帝之密都，是多驾鸟。书中说，这是帝禹时代的后宫，当初应该建有庞大的建筑群，可惜今日荡然无存。但位于偃师的二里头出土了大型宫殿基址，人们猜想，或许那应该就是密都的遗址吧。在这里，应该有中国远古的美丽女神，那就是帝禹的后宫娘娘武罗神。在这青要之山上，众多的信徒们持着圣洁的玉器供奉着她，祈美于她。

那里还有和山，其上无草木而多瑶碧，实惟河之九都，吉神泰逢司之。想必就是黄河水神吧。

《中次七经》苦山之首，曰休与之山，其上有石焉，名曰帝台之棋，五色而文，其状如鹑卵；帝台之石，所以祷百神者也，服之不蛊。也有专家说，那五色而文的石，应该也是玉罢。

在《中次三经》里，还有鬼山，其阴有雩孚之玉。宜苏之山，其上多金玉。

《中山经》里，《中次四经》釐山之首曰鹿蹄之山，其上多玉。釐山、密山、历山、夸父之山，其阳多玉。柄山、少室之山、讲山、骄山、女几之山、勾弥之山、倚帝之山，其上多玉。真陵之山，其下多玉。

景山、灵山、玉山、杳山、山鸡山、宜诸之山、首阳之山、白边之山、隅阳之山、风伯之山，其上多金玉。橐山、阳华之山，其阳多金玉。暴山，其上多黄金玉。

还有各种形形色色的玉，出没在中山之内。

雩孚之玉，当为祭祀或求雨时专用的玉石。在《中山经》的记载里，若山、谷山、箕尾之山、陆危之山，其上多雩孚之玉。云山、即公之山，其下多雩孚之玉。首山、敏山、涿山、帝菌之山，其阳多雩孚之玉。奥山，其阴多雩孚之玉。

有一种苍玉，也频繁地出现。超山，其阴多苍玉。婴梁之山，上多苍玉。常蒸山、放皋之山，其中多苍玉。尸山，多苍玉。尸水多美玉。朝歌之山，谷多美垩。其阳多玉。升山，其中多璇玉。缟羝之山、娄涿之山和长石之山，无草木，多金玉。熊耳之山，浮濠之水出，其中多水玉。

还有碧类，也属于玉的一种。傅山，无草木，多瑶碧。白石之山，惠水出，其中多水玉。谷山，爽水出，其中多碧绿。光山、龙山，其上多碧。柴桑之山，其下多碧。

还有珉。岐山，其阴多白珉。其上多金玉。翼望之山、鬲山，其阴多珉。琴鼓山，其上多白珉。岷山，其上多金玉，其下多白珉。

除此，大苦之山，多雩孚之玉，多糜玉。衡山，多黄垩、白垩。泰室之山，上多美石。章山，其阴多美石。熊山，其上多白玉。鬼山、姫山、即谷之山，其多美玉。视山，其上多美垩、金玉。游戏之山、声匈之山，多玉。毕山，帝苑之水出，其中多水玉，其上多雩孚之玉。

……

七

在遥远的先夏时代，勘测者们脚步所及的地方、纳入帝禹视野的绿水青山，在《山海经·五藏山经》里一一展现。这里，有山 447 座。而出产玉石之山，216 座。

这个数字，是我穿越《山海经》万水千山亲自点数出来的。有学者在文章中提到，《山海经》里有玉之山达到 130 多座。如果文字记载无误，我相信自己报出的数目。

有许多的事，就像帝禹时代的考察家们那样，需要亲历亲为。只有走过了，才会有更真的存在。

现在，让我们的想象升越凌云之端，向着南、北、西、东、中环视，在环视中品玉。《山海经》里玉品多，大约有 20 多个种类吧。白玉、水玉、美玉、苍玉、碧玉、瑾瑜之玉、婴短之玉、青碧、瑶碧、璇、瑰、采石、白珠、帝台之石，等等。她们，构成了玉的原始家族。

在环视中品玉，你可否发现，在这罗列的群峰之上，西山多玉，北山次之，南山居中，中山略后，东山少玉。这样的统计，是否正好应合了"西北多美玉"的结论。

《管子·揆度第七十八》中记载："至于尧舜之王，所以化海内者，北用禹氏之玉，南贵江汉之珠，其胜禽兽之仇，以大夫随之。"管子明确说道，尧舜圣王是"北用禹氏之玉"而王天下者。那北方，应该是在西北方。

统计不是一个简单的数据显现，更不是毫无意义的信息汇总。统计显示着资源的布局，而对资源的利用和调整，成为自古以来那些所谓部落、方国和国家为集体利益而决策的直接杠杆。

这些玉，如果一味地沉睡在大山里，那就是一种原生态的生物意义上的矿物质。只有走出了大山，她们才有存在的价值和意义。

而那些不长腿的玉，需要一种助力的前行和推进。这种助力，绝大意义上在于人为。

那么，人为的因素有哪些呢？玉石外在之美固是其中之理，但仅仅是因着玉的外在之美，而去疯狂地寻玉、探玉、取玉、运玉，甚至赌玉，断然不会。因为我知道，人类的天性之中还是存在着一份非常功利的理智的。

那么，那玉，会有怎样的用途呢？继续让我们走进《山海经》，看看先夏人生活中的玉——

在南山一经区域里的居民，供奉祭祀的山神或祖先神是鸟身龙首之神，表明此地人的祖先是由鸟图腾和龙图腾的部落结合而成的。他们是怎样祭祀的呢？书中说，他们祭祀时，要用带毛的动物与玉璋一起埋入地下。此外，还要用精美的糯稻米和一枚玉璧，陈列在白菅草编织成的席子上，供神享用。

那璋呢，状如半圭；那璧呢，为薄片圆环。它们有什么意义呢？专家说，它们分别象征着天和地，象征着男性祖先和女性祖先。那些玉，属于中国古代最常见的礼器。

在西山一经区域里，祭祀是居民最隆重的活动。祭祀者要献上百牲，埋下百瑜，把一百樽酒烫热，在白色的席子上陈列出用精美的彩丝包裹起来的百圭百璧。

这里呈现出"玉"和"帛"的完美组合。

在北山经区域呢，人们要把一圭、一璧投入那深山，以此来敬献山神。

而北山三经里，供奉着彘身戴玉之神，祭品为美玉。"彘身戴玉"是怎样的情形呢？从字面上理解，好像就是一个用玉装扮起来的长着猪一样身子的动物，或者说就是给猪身上挂上各种玉件。

无独有偶，《山海经》里同样记载着，在泰山，"豚而有珠"。意思就是说，当地的居民用一种珠状玉石来给猪打扮。这是怎样的一种猪呢？人们猜测，被特意打扮了的猪，应该是对人们有功或者有贡献的猪吧。它可能是生育了许多猪仔的母猪，也可能是强壮的用于配种的公猪。不管是哪一种猪，豚而有珠也罢，彘身载玉也罢，它都说明了一个事实，猪与人类的生活息息相关，猪是人们的财富，猪是人们美好生活的寄托和向往。而这样的记载分别出现在北山和中山，无疑说明先夏时期，这两地居民有着共同的文化渊源。

在中山一经，婴用吉玉或一璧。

在中山二经，祭祀用一吉玉。

在中山三经，婴用吉玉。那里还有之前已经给你介绍过的"美玉之神"熏池神。

在中山七经，祭神用一藻玉，祭祖婴以吉玉。

在中山九经，如果要祈求福祥，舞者要穿玉冕冠而舞，或者身穿礼服手持玉而舞。

在中山十一经，出现了倒祠的仪式。而我们所考古到的位于这个区域的三星堆的祭祀坑里，包括玉器在内，几乎所有被埋祭品都被先行捣毁。

在中山十二经里，"婴用圭璧十五，五采惠之"。祭祀山神的时候，要将供品陈列后埋入地下，供品是美酒、牛猪羊太牢和十五枚圭璧，而且要用五彩颜料或五彩丝帛将供品装饰起来。同样是玉帛的组合。

再来看看《山海经·西山经》里的记载。"(峚山)丹水出焉,西流注于稷泽,其中多白玉,是有玉膏,其原沸沸汤汤,黄帝是食是飨。是生玄玉。玉膏所出,以灌丹木。丹木五岁,五色乃清,五味乃馨。黄帝乃取峚山之玉荣,而投之钟山之阳。瑾瑜之玉为良,坚粟精密,浊泽而有光,五色发作,以和柔刚。 天地鬼神,是食是飨。君子服之,以御不祥。"

峚山属于西部的昆仑山脉,其特产的美玉是"瑾瑜之玉",这种玉,除了坚实精密之外,还呈现出"五色发作"的视觉特征。而这种具备神圣和永生双重性质的玉石,就是女娲用来补天的材料。

别说"黄帝是食是飨",这苍天之体,在神话的世界里亦是美玉所造。那玉,就代表着神明,代表着种种美好价值和生命的永恒。

······

感谢《山海经》的记载,让人们透过这些文字同样能够感知到中国先民对玉特殊的喜爱和尊崇之情。你是知道的,原始有一种信仰,万物皆有灵。在这样的信仰体系里,草木石头等自然物都是像人一样有灵的活物。玲珑的玉,清纯透明,深不可测,在那个时代的人们心中,宛若一尊尊看不到、识不透、说不清的神灵,宛若头顶上方那一片遥不可及、高不可攀、空不可言的苍天。而有玉在眼前,在心里,便能贯通天地气,沟通人鬼神,实现人神沟通、天人沟通。有心的人会发现,辟邪的"辟"字,下方加上玉字,就是代表玉礼器的"璧"字。正如《山海经》里记载的那样,或将玉置于祠前,或将玉埋于地下,或将玉抛向荒野,或将玉佩于身上,或将玉葬入坟茔。只要有玉在生活的时空里,便能籍玉而带来福音,护佑平安,避邪驱魔,禳除不祥,消除那漫漫史前长夜里"不可知"而孕生的胆怯、迷茫。

还有,鲧生禹、涂山氏生启皆为石中孕玉的映射;从禹之玉圭,到启之玉璜，到夏桀之玉门、瑶台，从远古的璿台、璇室、玉宇、玉床、玉门，到陕西神木的石峁古城，装点着玉器的建筑，在现实主义与浪漫主义的耦合中构建了一座缥缈空灵而客观存在的玉界。那是史前信仰的宫殿，是精神世界的大厦，是驱鬼避邪的精神武器。难怪一位专家说，早在四千年前的东亚版图上，哪里出现玉礼器，哪里就埋下了中国统一的神话信仰种子。

玉，就这样成了远古以来人们的精神寄托和信仰追求。如果说五大藏山能够代表九州之所在，那这样以玉为魂的祭祀文化应该就是肇于先夏的玉教信仰。玉璧、玉琮、玉璋、玉璜……她们都是人间最美的神物。想要征服和利用自然的人类，便用这最奢华的宝物，礼天礼地，礼山礼水，礼先祖，礼万物。

人类知道，只有奉献出最美的珍稀，人类才会收获或者换取属于自己的平安和需求。先予，才能后取。

然而，"予"什么呢？当然是予"玉"啊。可是，请您注意，此玉非彼玉。

多少年来，许多人都在争论，某某遗址出土的玉究竟是就地取材，还是远程运输。现在请您换一个思维思考这个问题，如果让您来选择能够成为一种精神信仰的玉，您该用哪一块玉？

我们总是听到这样的一些谚语和俗话：物以稀为贵。或者说，外来的和尚会念经。

现在，请您选择。

正如专家们所说的那样，在神圣物的制造和使用中"就地取材"和"远程运输"的最大差异，就在于物质的珍奇度所具有的特殊魔力和使用者不可抗拒的内在需求所催生的深层动力，其间还交织着远方圣域和地方信仰的整合。

这就好像那些藏传佛教的信徒们用一个一个的长头去朝圣西藏，就像成千上万的穆斯林虔诚地去朝觐圣城麦加一样。追逐质地精美的闪石玉，特别是闪石玉的"魁首"和田玉，并不远万里地输入王权中心，就成为一个王朝王权建构、神话礼仪及美身备德核心的表征物。

如此一来，这"玉"便不再是简单的一块"玉"。因为那样的"玉"就地或许可以取材，而人们所崇拜着的永远是难以企及的承载着信仰的"玉"。

纪伯伦说，信仰是心中的绿洲，思想的骆驼队是永远走不到的。

因为信仰，人们才迈开了精神的远行。

为了这一"予"，人类漫长历史上最壮观、最美丽、最神圣的运动开始了艰难而悲壮的启程。

那，就是玉的旅行。

八

《山海经》，为我们构建了华夏五方空间"同心方"式的国家地理空间模式。这"同心方"，隐含着天下一统、中央集权的含义。而在此之前的史前社会，华夏大地万邦林立。

从万邦林立到天下一统，华夏文明走过了漫长的征程。在这征途上，需要一个具有向心力和凝聚力的载体，而这种载体作为变革动力的运动，必将形成一条属于历史的通道。

1877 年，德国地理学家李希霍芬在《中国》第一卷里首次向国际学术界抛出了一个闪亮的新名词：丝绸之路。它的德文译名叫"绢的街道"。

李希霍芬说，从公元前 114 年到公元 127 年，在中国河套地区以及中国与印度之间，有一条以丝绸贸易为媒介的西域交通路线。这西域，泛指古代玉门关以西到地中海沿岸的广大地区。

《中国大百科全书》这样解释"丝绸之路",这是一条中国古代经中亚通往南亚、西亚以及欧洲、北非的陆上贸易通道,因为大量的中国丝和丝织品多经此路西运,故称为"丝绸之路",简称"丝路"。这是一条亲善往来、共同繁荣的发展之路,是一条联结东西、沟通交流的和平之路,是一条传播中华文化、吸纳世界精华的文明之路。

"无数驼铃遥过碛,应驮白练到安西。"从那时起,在2000多年的岁月长河里,"丝绸之路"犹如一条延绵的彩带,将古代亚洲、欧洲、非洲的古文明联系在一起,促进了东西文明的交流,留下了光耀千秋的文明古迹,更引发了超越国界和民族差异的精神共鸣。

"丝绸之路",这是古代世界交通干线中最长的一条国际大通道,是连接各民族和各大洲之间最有意义的链条。据中国学者估算,从中国西安,经陕西、甘肃、新疆、中亚、西亚诸国至欧洲意大利、威尼斯的"丝绸之路"直线距离为7000余公里,而在中国境内的距离有4000余公里,占总路程一半以上。

学者提出,"丝绸之路"是一条交通线、经济线、中西交往线、文化交流线、民族融合线、政治变迁线。联合国教科文组织则认为,这是世界文化对话之路。

千年丝路远,万里亲缘长。这条举世闻名的文明通道真的始于公元前114年的大汉帝国吗?

史书上同样记载,在对欧洲和中亚地区的考古过程中,考古学家们发现了一件很有意思的事:在一些公元前1000多年的墓穴中出土了许多用中国蚕丝制成的绣品,图案和技法也都是东方式的。可人们熟悉的沟通了东西方文明的"丝绸之路"则起源于公元前114年。那么,这些东方的丝绸又是怎样运往西方的呢?

在墨西哥奥梅尔发掘出的 16 个玉雕和 6 个玉圭上，考古专家们破译出了"妣辛""十二示社"等汉字。在遥远的彼岸，怎么会有和殷商历史有着如此紧密联系的文字呢？

《穆天子传》的横空出世，也让人们把这条文明古道的地平线推向了更加遥远的公元前 10 世纪。

周穆王是我国有文字记载的最早的探险家、旅行家。据西晋太康二年从汲冢出土的竹简《穆天子传》记载，公元前 963 年，得赤骥、盗骊、白义、逾轮、山子、渠黄、骅骝和绿耳八匹好马的周穆王，让造父御车，让伯夭做向导，带着许多珍贵的帛、贝带、朱、锦等，开始了西征昆仑山的远行。他从陕西西安出发，经河南，过滹沱之阳到犬戎之地，西行至黄河。再沿黄河而上，经宁夏到甘肃，过青海入新疆，经昆仑瑶池之会，越葱岭到达了今日中亚的吉尔吉斯斯坦，然后逆向返回王都。一路上，他与沿途各民族进行频繁的物资交流，将那些"中国制造"的珍贵物品馈赠给了沿途国家的主人。

这是我国陆路交通史上的一个重大事件，并且为后世留下了诸多悬疑。在那个交通并不发达的年代，周穆王为什么要发动一次旷世的西巡？他为什么要选择这样的道路？

"攻其玉石，取玉版三乘，玉器服物，载玉万只。"书中这样记载道。周穆王送出的多是帛，带回来的是玉。难道周天子早于汉朝张骞的"凿空"，意在寻玉、获玉？难道这正是周天子西征的真正目的？

而按照周穆王当时走过的路线绘成的线路图，差不多就是相隔 800 年后张骞出使西域所遵循的古道。多年之后，专家们通过周天子西巡的路线，再次敏锐地看到，当年西巡的路线，正是战国时代苏厉给赵惠文王信中所讲的一条玉石之路，亦正是新石器时代北方细石器文化的分布线。

这是有史记载以来的一次开通东西方交流大道的皇家考察，亦是以玉帛为媒的一次大型文化交流活动。

翻开中国地图册，帕米尔高原、昆仑山、阿尔金山、祁连山从西向东一直伸展到秦岭，构成了华夏大地的主脊梁。这道脊梁，孕育了厚重悠远的华夏文明和核心价值观，承载着华夏数千年乃至数百万年的沧海桑田。

许多的故事，就在这里发生。

那悠悠古道，在这道脊梁的支撑和呵护下，迎送着东来西去的人。正如鲁迅先生所说的那样，这世上本没有路，走的人多了，便形成了路。因为丝绸的行走，她是"丝绸之路"；因为珠宝的行走，她是"珠宝之路"；因为香料的行走，她是"香料之路"；因为青铜的行走，她是"青铜之路"；因为彩陶的行走，她是"彩陶之路"……

她走得愈远，她便承载得愈多。她承载得愈多，人们便迷茫得愈多。

在人类学界关于文化"大传统"和"小传统"的标准下，专家们在思考，运送在这条古道上的众多物质中，有谁具备着发生文明的动力？

随着中华文明探源工程和夏商周断代工程研究的不断推进，专家们在思考，被国内外学者认可的"丝绸之路"其实就是通过官方置郡建县、设关立站维护和规范了交通道路的管理，强化了路政权。那么，在此之前的夏、商、周乃至史前，中原国家是如何与西域开展交流与往来的呢？

迷茫得愈多，人们便考证得愈多。

透过数千年的迷雾，中外许多专家学者站在全球范围的格局上，看到有一种东西，是比丝绸还要早许多的跨地区的国际贸易对象，那就是玉石。

考古学研究表明，我国边疆与中原、东方与西方的文化和商贸交流的第一个媒介，既不是丝绸，也不是瓷器，而是玉石。玉石首开我国与西方交流的运输通道，她在东、西方经济与文化的交流中所起的作用，远远超过了丝绸，是东西方经济文化交流的开路先驱。而纵观玉的发展史，其实就是人类文明的进程史。

1966年，日本宝石学家近山晶提出，在中国古代，可能存在一条与"丝绸之路"并行的通道，那就是"玉石之路"。"丝绸之路"的形成和发展只有2000多年的历史，而"玉石之路"却有着6000多年的历史。"丝绸之路"，正是丝绸交易的商人利用"玉石之路"这一古老的通道发展起来的。

一位法国学者写了一部《玉石之路》。他提出，李希霍芬的"丝绸之路"是异国想象的历史幻想。他说，历史上并不存在一条明晰的"丝绸之路"，而是欧亚大陆间诸多贸易路线的统称。从那个时候起，欧亚商贸往来的不仅有丝绸、茶叶，更有玉石、黄金、青铜、大麻、犬、马等。而且，"玉石之路"比"丝绸之路"更为古老也更为清晰。更重要的是，玉石在政治、经济、宗教和文化上均具有重要意义。因此，他再次建议，应将传统的"丝绸之路"修正更名为"玉石之路"。

1989年，杨伯达初步勾勒出了距今3300年前自新疆和阗至安阳的"玉石之路"。

2011年，叶舒宪提出，在那条东西方交流的通道上，先于"丝绸之路"者，是"玉石之路"。

"丝绸之路"的前身应是"玉石之路"。

九

西方人艳羡中国的丝绸。站在西域看中原，在阿拉伯人和西方人眼中，这条连接着欧亚大陆两端的东西方大通道，是"丝绸之路"。

中原人喜欢西部的美玉。站在中原看西域，在中原人眼里，这条西去之路，是"玉石之路"。

从4000年之久的"玉石之路"发展演变为有着2000年历史的"丝绸之路"，这不是一个简单的名称命名的问题。专家说，"玉石之路"的研究，成为华夏王权建构与文化认同互动关系研究和中华文明探源与核心价值观重建命题中最具动力而备受关注的问题。

带着一种神圣的使命，众多的专家学者投入了"玉石之路"的考察研究，开始了文献梳理、地质科考、矿物检测、考古遗存、神话信仰等不同视域与方法的调研与论证。2012年，叶舒宪在结项的中国社会科学院重大项目"中华文明探源的神话学研究"中得出结论：华夏神话之根的主线是玉石神话及由此而形成的玉教信仰，并大致勾勒出玉教神话信仰传播的路线图，即"玉石之路"。

漫游自古至今的华夏山峦河川、宫廷民间，千古美玉有着怎样的运动呢？专家学者们眼中的"玉石之路"是怎样的一条文明通道呢？

这是一个非常庞大的课题。请原谅我不能给你做以详细的介绍。但是，为了2014年夏季的那场"玉帛之路"再发现，我还得勾玄提要地纵横出玉的迁徙路线。

按照叶舒宪的考证，从大传统的视野看，在距今8000多年到4000年间，"玉石之路"呈现出三大波的运动：北玉南传、东玉西传和西玉东输。东玉西传，传播的重在信仰、技术和器物；而西玉东输，输的是玉资源。

叶舒宪从东亚大陆新石器时代满天星斗般的玉文化遗存间发现，从辽河流域的兴隆洼、查海——红山文化，沿海而下到黄河下游的海岱大汶口——龙山文化，逆黄河而上，山西襄汾陶寺遗址，陕西神木石峁遗址，甘青地区的齐家文化，东南长江下游河姆渡、马家浜、崧泽、凌家滩、良渚文化，以及溯长江而上的安徽薛家岗、屈家岭文化、巫山大溪文化等，或多或少、或精或粗都有玉器出土，且显示出不同程度的交流、传播和影响。而最重要的是，各个玉文化遗址年代排列显示出沿海早于内陆、东部早于西部的物证。他认为，在新疆玉石资源东输之前，存在着一种由东向西的隐形的"玉石"信仰、技术和器物器形的传播。在比喻意义上，可将之视为玉石神话信仰、崇拜观念、玉器加工技术和器物样式先"南传"后"西传"的"玉石之路"。

先说北玉南传。

还记得我们在史前古玉中提到的中国迄今所知年代最早的玉器、世界上最早的玉耳环吗？那块出土于兴隆洼而距今 8000 年前的玉玦，以她为最初的主导性玉器形式，从北方辽河流域的兴隆洼起步，逐渐向着东方、向着南方传播。数百年后，人们在今河北北部和日本列岛找到了她的伙伴和家族。随着北方早期玉文化的进一步南传，在约 7000 年前达到浙江沿海一带，在余姚河姆渡文化遗址，人们再次发现了同类的玉玦。之后，又经过 2000 年的传播，在约 5000 年前的凌家滩文化和良渚文化达到史前玉文化生产的巅峰期。受其影响，史前玉文化的分布几乎到达中国东部大部分地区。专家考证，在距今约 4000 年之际，北方玉文化抵达岭南地区，乃至台湾、香港地区和越南等地。

历时 4000 年之久的北玉南传，使得玉石神话信仰在华夏文明史揭开序幕之前便变成了东亚统一政权的意识形态观念基础，为接踵而来的夏商周三代中原王权建构奠定了文化认同的基石。

而东玉西传呢，叶舒宪在大量的论著里这样记述到，东玉西传大约开始于距今 6000 年前，到距今 4000 年结束，历时 2000 多年。这一传播运动，使得原本在东部沿海地区较流行的玉石神话信仰及其驱动的玉器生产逐步进入中原地区，形成龙山文化时期的玉礼器组合的体系性制度。以 4300 年前的湖北石家河文化和 4500 年前的晋南陶寺遗址为突出代表，并通过中原王权的辐射性影响力，从中部地区进一步传到西部和西北地区，一直抵达河西走廊一带，以距今 4000 年的齐家文化玉礼器体系为辉煌期。至此，玉文化大体上完成了星星之火燎原全国的传播过程，给华夏文明的诞生事先预备好了物质和精神互动的核心价值观。

经历了史前玉文化传播的两大方向性运动以后，4000 年前，又迎来了另外一种方向的玉石原材料远距离运动——西玉东输。

20 世纪初，德国著名地理学家李希霍芬的弟子，瑞典地理学家、探险家斯文赫定深入新疆，在西部的沙漠里艰难跋涉，发现了楼兰古国。在被风沙掩埋了的楼兰遗址里，他发现了大量的玉斧，年代指向新石器时代，这是最早的和田玉玉器。科学家们推测，早在 4000 多年前的新石器时代，和田玉已经越过茫茫沙漠，从昆仑山来到了沙漠中的这个绿洲部落。在这万里之遥的征程上，有多少部落，也就有人文学上的多少文化，它有它的一个个区域。

1976 年，第一座完整发掘的殷商王妃妇好墓的精美玉器重见天日。玉雕厂的师傅们凭着多年的认知经验，第一眼看出这里的许多精美玉器是用和田美玉雕刻而成的。在之后大多数玉器专家的目测和地质矿物学家的检测中，这一判断得到了业界认同。而就在殷墟甲骨文中出现的"取玉于龠""征玉"与《周易》"高宗伐鬼方"等史迹片语的印证，更让许多学者确信，商代和田玉沿着远古开辟的"玉石之路"，源源输入殷王室，成为王室之宝。

据此我们可以这样理解，2000 年前，汉王朝的铁骑保障了西域商路的畅通，丝绸成为古罗马贵族手中的奢侈品。在此之前 1000 年，商王朝的庞大军队踏上了几乎相同的征程。道路的另一端，埋藏的是统治者梦寐以求的宝藏——玉石。回溯历史，这条曲折神秘的"玉石之路"

在人们的眼前展开。

北京大学和山西考古研究所在对陶寺、下靳、清凉寺等遗址出土玉器的复合检测中同样发现，这里的许多玉器属于就地取材。但专家们同样确信，这里有少而精的一些闪石玉器，极有可能还是从遥远的新疆和田输入。

1998年秋，王仁湘对黄河上游两岸的青海"玉石之路"上的古遗址展开考古调查。沿途众多的古文化遗址，尤其是仰韶文化时期遗存和喇家遗址等齐家文化遗址玉器中青海或昆仑玉料的发现，见证了"玉石之路"青海道的存在。

还有早期裴李岗文化的舞阳贾湖遗址出土的绿松石。专家们断定，不是来源于陕西、湖北及安徽，很可能是从西域绿松石产地伊朗等地输入。

这一系列的发现都在证实着"西玉东输"的存在。

为什么会出现"西玉东输"的现象呢？

叶舒宪认为，正是漫长的"东玉西传"，完成了玉教和玉文化体系的建设和传播。以玉为神的观念流传到哪里，就会在当地驱动玉器生产和消费的群体行为，并且让玉器成为地方政权的象征物。在这种信念、信仰的支撑和吸引下，来自民间的简单的取玉运玉行为和随着强大王朝的兴起或王朝势力的强大，西玉开始了以东传为主的全域式的运动。这样的现象，也往往会随着历代国力强弱和都城变迁而消长变化。给你举个例子，1957年9月，北京昌平区定陵，明朝万历皇帝的陵墓中发现了玉杯，却发现玉杯的制作中出现着"玉料不够做工补"的现象。而1781年，被后人称为玉痴的乾隆皇帝命令制作史上最大的玉器，高2.24米，放在明宁守宫的乐寿堂里。这就在告诉着世人，一个闭关自守的朝代，注定没有交流的美玉。

回答这个问题，其实也就解决了学者们为什么要孜孜以求去研究那"玉石之路"的动机和目的。

一条路，客观存在在那里，取什么样的名称，看上去并没有多大的

| 清晚期玉龙

清早期玉双龙 |

意义。所谓"道可道，非常道；名可名，非常名"。但是，只有通过分析，我们才能真正立足国际视野去理解玉文化的内涵和承载的社会人文意义。你要知道，在那文明之光升起的时刻，玉石神话信仰是伟大古文明起源与发展进程中普遍存在的观念性动力要素。正是它，驱动着跨国跨地区的远程贸易和文化交流传播。

闪耀在华夏大地上的"玉石之路"，不仅是物资传送、文化传播和信仰交流的通道，也是社会物质生产与精神价值建构、王权建构与华夏认同互动关系的见证。研究"玉石之路"，其实在研究玉石所承载的神话信仰与价值观的传播与认同。这一课题，已成为探寻中华文明起源和核心价值的崭新途径。

西玉，通过怎样的路线实现东输呢？

十多年来，杨伯达、王仁湘、臧振、张如柏、古方、干福熹、叶舒宪等一大批学者，还有国外诸多学者纷纷聚焦"玉石之路"。他们穿越于史册古籍，执着于田野调查，从各自不同的见解和观点，勾勒出了若

干"玉石之路"的路线。这里的路有许多条，但起点是以号称为新疆"玉石之乡"的和田为代表的西域，终点便在那以安阳为代表的中原。这条路的走向，亦然是"丝绸之路"所走的路线。

西玉，以怎样的方式实现东输呢？

许多年来，许许多多的专家学者一直在探寻：4000 年前的西域美玉，是通过何种途径输送到中原的呢？

《诗经》里说，"何以舟之，维玉及瑶"。有的学者说，此"舟"乃"周"，通假而意为佩戴。也有学者说，此"舟"，应该是以水道之舟运送玉瑶。一"舟"之解捻断须，让历代解经家颇伤脑筋。2002 年 11月，轰动世界考古界的杭州跨湖桥遗址"中华第一舟"和造船作坊的发现，见证了东亚水道通行工具的史前史。

是的，一切古老文明的起源，无不与河流有着密切的关系。先民聚居离不开河流，宗教圣地多与河流相关。而人们曾经研究考证过的"青金石之路""琥珀之路"上，河流往往都是当仁不让的远距离物资输送通道。历史在河流里行走，文明在河流里成长。

2012 年底，一座 4000 多年前的石头古城——陕西神木石峁古城遗址重现天日。这座石城占地 400 万平方米，被誉为"中国史前最大城"。对此，媒体用"石破天惊"和"改写中国文明史"来形容这次考古发现的意义。石峁龙山文化古城大批量玉器生产的原材料供应，预示着华夏文明资源依赖的"西玉东输"现象。更为值得关注的是，它的考古成果公布再次提示：黄河与"玉石之路"有着必然的关联。而齐家古国与中原文明的交通线，越来越清晰地与周穆王西巡路线相吻合：自王都出发，沿黄河水道北上河套地区，再沿着九曲黄河河道向前进发。沿河而行，考古遗存重构路线的疑虑由此露出破解的曙光。

2013 年，考古学、人类学、民族学、神话学专家立足石峁古城和石峁玉器所提供的证据，围绕"西玉东输"和"玉石之路黄河段"展开了激烈讨论，榆林地区黄河沿岸作为史前玉石之路的重要中转站和黄河水道的可能性，引起了广泛关注。

"河出昆仑"。

"玉出昆冈"。

这一神话性的重合现象开始被专家学者们重新审视。

一直致力于中国神话学研究的叶舒宪说，"河出昆仑""玉出昆冈"看来不是神话，它与新世纪诸多重要考古玉文化遗存集中于黄河两岸的吻合，也再次提示人们，长期被忽视的水道输送，应该引起学者对"玉石之路"的关注。《禹贡》和《史记·留侯世家》里说，"河渭漕挽天下"。这一记载告诉人们，远古时期的黄河是可以漕运物资的。在那个时代，黄河不是作为灌溉农业的水资源，而是西部玉石资源调配漕运的主要交通线。因此，人们需要正视美玉的传播路线与黄河走向重合的问题，需要重新认识黄河两大支流泾河段和渭河段在玉石之路中的位置，以此重建中国神话历史脉络，探讨文明起源动力和价值观所在。

十

悠悠"丝绸之路"静静地卧在那里，纵横数千年，过客千千万。不论从内涵还是外延而言，它已远远超载了其本身，而成为一个不仅仅是传播丝绸或者玉石，而且也是标志着东西方文明互相交流融合的词语。

因为文化视角的差异，导致了学术命题的不同。

因为学术命题的不同，导致了历史价值的不同。"玉石之路"的提出将会使"丝绸之路"的时间向前推进2000多年。

因为历史价值的不同，导致了精神价值的不同。一个以"和"为灵魂的民族精神、核心价值在华夏文明中呼之而出。

因为"和"，再次穿越史册简牍：

僖公十五年，"上天降灾，使我两君匪以玉帛相见，而以兴戎"。

哀公七年，"禹合诸侯于涂山，执玉帛者万国"。

玉帛为"二精"。这是世人对玉、对丝的尊崇和膜拜。

化干戈为玉帛。这是自古以来人们透过玉、透过帛对和平、友好、繁荣和和谐的向往，是中国式的和平理想。

就在那一条道上，商贾们东往，携带着西域美玉；西行，携带着中原丝绸。玉和帛，在这条古道上唱着一首和平友好的交响乐。

经过了"玉石之路"，经过了"丝绸之路"。

协和万邦，这条历史的大道、文明的大道更应该叫做"玉帛之路"。

冯玉雷说，玉和帛，代表了中西大通道的物质交流史和文化交流精神。我们无法考证欧亚大陆上发生过多少"化干戈为玉帛"的事件，但唯一可以肯定的是，在和平、沟通、合作、互利的原则下，各部落、族群、国家之间交流互动，绵延不绝。

这是一种文化自觉意识的觉醒，是对文化精神家园的重新洗礼。

玉诗：
西部美玉今安在

漫游过史前古玉的时空，我那可爱的玉伴们，在黄河、长江两岸的辽阔之苍穹里闪呀闪地眨着俏皮的眼。

她们，在和你和我做着捉迷藏的游戏呢。

我穿过她们的眸子，洞悉到了她们的心。她们的心说，你知道我是谁吗？你知道我从哪里来吗？你知道我要到哪里去吗？

玉从何来？玉往何去？在何去何来间，玉是怎样完成了属于自我的旅行？

玉知道，说不出来。有一批与玉有缘的文化的"疯子"和智者想知道。

2014年7月13日，由甘肃省委宣传部、甘肃省文物局、西北师范大学、中国文学人类学研究会主办，丝绸之路与华夏文明协同创新中心、《丝绸之路》杂志社、武威市广播电视台承办的"中国玉石之路与齐家文化研讨会"暨"玉帛之路国际文化考察活动"正式起航！

在七月流火的盛夏时节，一批专家学者从兰州出发，走上了古老的"玉帛之路"，在绵延4300多公里的征途上开始了漫行。

有媒体称，这次活动的举办，首次让"玉帛之路"这个文化概念闪亮登场，引人瞩目。

这是一次对齐家文化的再发现之旅。

这是一次对三千年前周穆王西行路线的考察之旅。

这是丰富和诠释"丝绸之路"文化内涵的提升之旅。

这同样是一次探幽华夏文明核心价值的精神之旅。

之一　陇头流水唱河西

一

若非群玉山头见，会向瑶台月下逢。

终将要起程。起程于黄河之滨的金城兰州，向着河西走廊进发，沿着祁连山两侧，画出 2014 年夏日里那个最美的圆弧！

苏州大学著名学者沈福伟在《丝绸之路与丝路学研究》中指出，"丝绸之路"原本只是对亚洲中东部历史毫无所知的欧洲人，在经过实地考察之后从大量的历史遗存中了解到的。当时已经人烟稀少的中国西部地

甘肃省委常委省委宣传部
部长(中)为考察团成员送行

甘肃省委常委省委宣传部部长连辑为活动
发起人、《丝绸之路》杂志社社长冯玉雷授旗

区在千百年前曾有过辉煌的历史，并且在古代亚洲东部地区和地中海之间，由于频繁的使节往来、商品交换、宗教传播和文化交流形成的必不可少的交通要道，也有过足以令人刮目相看的繁荣历史。

也许，因为长城阻隔了学者的视野；也许，因为贫瘠的缘故。西部，一直以苍黄的基调静静地横卧在那里，不冷也不热，不喧嚣，也不寂寞。

虽然，在历史的长河里，大禹、周穆王、张骞、玄奘、鸠摩罗什，乃至上古世界中的伏羲、神农、黄帝，乃至近代史上的林则徐、范长江、张大千，都曾经从这里走过，都曾在这里留下过岁月的痕迹。但在人们的意识中，那都属于历史。

你望，或者不望，她都在那里。她就是一个淡定而睿智的甘肃。

你关注，或者不关注，她都是华夏文明的源头之一。作为中原连接西北乃至中西亚的咽喉和纽带，甘肃自古以来就有拱卫中原、护翼宁青、保疆援藏的战略地位和独特的文化通道区位优势，是璀璨夺目的华夏文明源头之一。千百年来，中华民族的文化血脉沿着"丝绸之路"而搏动，甘肃，则是这一文化线路中极其重要的一段。

走进新的历史纪元，这里开始在国家层面上打造以兰州新区为重点的经济平台、以华夏文明传承创新区为重点的文化平台和以国家生态安全屏障综合试验区为重点的生态平台。

当建设"丝绸之路经济带"和"新丝绸之路""一路一带"的宏大战略提出的时候，甘肃拿出了自己的态度：打造丝绸之路经济带黄金段！

二

甘肃，一个沉稳持重而令人温暖甜蜜的地方。

　　"甘肃大地埋藏着华夏文明发生的巨大秘密。"中国社会科学院比较文学中心主任、中国文学人类学研究会会长、中国神话学会会长叶舒宪认为，在玉文化"北玉南传""东玉西传"和"西玉东输"的运动中，占据河西走廊特殊地理位置的齐家文化发挥了重要的推动作用，是夏、商、周三代玉礼器的重要源头，亦是中国玉文化的重要源头。不论是中原地区规模性的玉礼器生产伴随着王权崛起而揭开序幕，进而迎来技术和信仰的西传，还是遥远的新疆成为中原华夏王权不可或缺的战略资源供应地，从河西走廊的齐家文化玉器到中原史前玉器的关联性，可以看到中国文化东部板块与西部板块千百年来凝聚为一体的关键要素。

　　"玉石之路"是怎样形成的？为什么华夏王权的价值观离不开昆仑？叶舒宪说，"中国古代的玉文化延续了8000年之久，位于'玉石之路'上的齐家文化是一个重要的中转站。甘肃大地埋藏着华夏文明发生的巨大秘密"。走进甘肃，无疑是解开诸多玄谜的一个重要突破口，一把"金钥匙"。

　　一同走上"玉帛之路"的中国社会科学院人类学与民族学研究所研究员易华认为，"青铜之路"是汉代以前的"丝绸之路"。"青铜之路"与中国的青铜时代，以及考古中发现中国的青铜事业，几乎都出现在甘肃地区。现在发现最多的就是河西走廊。

　　易华认为："在青铜文化

考察团成员叶舒宪教授
纪录乌鞘岭上远去的长城

易华研究员陶醉在河西道上

中，甘肃是古中国改革开放的前沿。"

在易华先生的眼里，玉帛、青铜、夷夏、大夏、夏羊、大禹一直是穿越在他心田的史前精灵。与之相关的每一个词汇，都能挑拨起他敏感的研知神经。易华说，青铜时代世界体系中，中国既是边缘，也是中心。青铜技术起源于西亚，首先扩散到中原。齐家文化时代率先进入青铜时代，是东亚第一个青铜文化。西北是上古中国改革开放的前沿阵地。齐家文化时代正好与夏代相同，大禹治水的积石山、夏河位于齐家文化分布区，伏羲炎黄传说流行于齐家文化分布区，周和秦军兴起于齐家文化分布区。

"齐家中心在甘陇，甘陇自觉大任重。"首倡故宫学的原国家文化部副部长、故宫博物院原院长、故宫研究院院长郑欣淼也不顾年事之高，放下手头繁忙的事务，从京城赶往西部，一同踏上了"玉帛之路"。 郑欣淼老先生认为，由陕、甘、青共同构成的这片西北地区在历史上对中华文明的发展做出过重大贡献，中华民族光辉传统的一面仍然在这片土地上传承，仍然是主流，值得我们去发扬光大。

在郑老的眼里，陇上儿女，朴实得就像齐家美玉，都有着玉的精神。

"齐家文化已较大规模地进入了文明生活的前沿。"主持过交河故城等多项考古发掘的刘学堂，是新疆师范大学民族学与社会学学院副院长、教授，真诚谦逊。多年的考古发掘与研究使他对史前时期的东西文化交流有着深厚的兴趣。

一路走来,刘学堂教授固有的职业特征 |

走进和新疆相连的甘肃，刘学堂感觉非常亲切。他认为，文明是个双向传播的过程。当"青铜之路"由西向东延伸的时候，彩陶正在这条路上由东向西展示着它的美丽。他说，史前时代，以黄河流域为代表的中原文化一站一站地向西传播，越过乌鞘岭，进入河西走廊，沿着天山到达中国的西部地区。与此同时，西域的文化由西向东进行着交汇式的扩展。而在这伟大的交汇中，齐家文化是一个文化中心。它已较大规模地进入了文明生活的前沿。

《管子》中说，"尧舜之王，所以化海内者，北用禺氏之玉，南贵江汉之珠，其胜禽兽之仇，以大夫随之"。《管子》中还多次提到"禺氏边山之玉"，"玉起于禺氏之边山，此度去周七千八百里，其途远，其至阨"。在《轻重甲》篇中，又一次提及禺氏。"禺氏不朝，请以白璧为币乎？昆仑之虚不朝，请以璆琳、琅玕为币乎？故夫握而不见于手，含而不见于口，而辟千金者，珠也；然后，八千里之吴越可得而朝也。一豹之皮，容金而金也；然后，八千里之发、朝鲜可得而朝也。怀而不见于抱，挟而不见于掖，而辟千金者，白璧也；然后，八千里之禺氏可得而朝也。"

"禺氏"是掌握着玉矿资源的人群。那么，"禺氏"究竟是些什么人呢？答案很有趣。王国维和日本的江上波夫等许多学者反复研究后提出，禺氏就是游牧在北方草原与河西地区的大月氏。

中国社科院考古所新疆考古队队长巫新华认为，根据最新的考古发现，最早的和田玉采玉人应为齐家文化背景的齐家人，而于阗国的主要居民即为"东国帝子"所带领的齐家文化部西迁所形成。齐家文化部族即为我国上古历史中长期存在的西戎。他们主要活动在西部黄河上游地区，这个区域恰好是青藏高原、蒙古高原和黄土高原的中间地带，兼具三大高原的特征，宜农宜牧。这里又是亚欧大陆东西向陆路交通中东亚区域面向中亚的咽喉地带。独特的地理位置与环境条件，使这一地区成为上古时期东西方文化交流和人类迁徙的要冲，并率先接受青铜、游牧文化的洗礼，逐渐成了中国上古时期文化的中心之一。

浏览中国地图，你会发现引发学者们思考的那中西陆路国际大通道的两大"路结"。一是由昆仑山、喀喇昆仑山、天山、喜马拉雅山、兴都库什山等山脉汇聚的帕米尔高原。在这里，发源了塔里木河、伊犁河、印度河、恒河、锡尔河和阿姆河等。千百年来，人们沿着山麓地带或山间河谷，走出了一条交通线。另一条呢，是由祁连山、西秦岭、小积石山、达坂山、拉脊山等在甘肃、青海交界地带汇聚，大夏河、洮河、湟水、大通河、庄浪河等黄河上游的几条大支流在这一带汇入黄河。而秦陇南道、羌中道(吐谷浑道)、唐蕃古道、大斗拔谷道、洪池岭道都在这里形成并相聚。

这两大"路结"，就像两个坚实的桥墩，支撑起了东西文化交流的桥梁。而穿越过陇原大地的"玉帛之路"，就是构成这座桥梁的主体脉络。

2013 年 9 月 7 日，国家主席习近平在哈萨克斯坦纳扎尔巴耶夫大学的演讲台上动情地说，站在这里，回望历史，我仿佛听到了山间回荡

的声声驼铃,看到
了大漠飘飞的袅袅
孤烟。这一切,让
我感到十分亲切。

俱怀逸兴壮思
飞。"玉帛之路"
上的行者站立在陇
原大地,亦有着同
样的感受。

玉帛之路启动仪式 |

在"玉帛之路"国际文化考察活动启动仪式上,甘肃省委常委、宣传部长连辑说,甘肃是华夏文明发祥地之一。我们要以考古学为基础,在学术上把这些离我们很远的,已经"碎片化""隐形化""基因化"的文化源头,用现代科技手段和研究方法重新挖掘出来,使得历史和现在能够一脉相承地衔接下来。

连辑说,在"玉帛之路"上,物质化的是玉,精神化了的是文化,文化的内核是"和"。"丝绸之路"的文化精神概括为一个字,依然是"和"。这是自古以来就有的文化,又是一个到目前为止仍然活态传承着的文化。

这就是甘肃。

她不是文化的荒漠,是中国文化的母体,是中国远古时代文化改革开放融汇的前沿,亦是我们共同的精神家园。

三

玉为媒,文化为魂。

"玉帛之路"的兴奋点吸引了更多有意思的人们。作家、新疆阿克苏人大常委会党委书记卢法政，参与过海上"丝绸之路"考察研究的大学博士后安琪，金城作家孙海芳，摄影师军政，还有你和你的同伴冯旭文、何成裕……都将关注的目光投向同一个地方。

来自不同的方向，却聚焦于同一个课题。华夏文明的"DNA"、华夏玉文化、新石器时代齐家文化、以"和"文化为代表的中国社会核心价值观。当这些信息和符号组合在一起的时候，那条"丝绸之路"被赋予了新的内涵。

陀思妥耶夫斯基说，在往日的梦想中翻寻，在这堆死灰中搜索一星半点余烬，试图把它吹旺，让复燃的火温暖冷却了的心，让曾经如此为他所钟爱、如此触动灵魂、连血液也为之沸腾、热泪夺眶而出的一切，让曾经使他眼花缭乱、飘飘欲仙的一切在心中复苏。

玉帛之路考察活动的发起人、作家冯玉雷轻抚西灰山文化层

走向河西走廊，走向苍茫田野，寻找复燃的火，寻找让血液沸腾、让灵魂复苏的星星火光！

而这一切的策划和组织协调，将由西北师大《丝绸之路》杂志社、丝绸之路与华夏文明传承发展协同创新中心来担当。他的负责人冯玉雷，这位多年书写敦煌的作家、文化人，成为此次考察活动的发起人和推动者。

谈及冯玉雷，郑欣淼先生说，冯玉雷先生是《丝绸之路》

杂志的主编。我认为"丝绸之路"这四个字代表了一种开放性的、国际性的、世界性的态度，其本质内涵就是文化的世界性交流。对此，冯玉雷做出了很大的努力，组织了很多活动。虽然过程艰辛，但最终都得到了大家的认可，这里面充分体现了作为主编的冯玉雷的文化担当和自觉意识。

是责任和担当，是善举和尊崇。一切，皆缘于玉，缘于文化的自觉。

四

从兰州出发，首先进入的便是被誉为中国西北"绿飘带"的河西走廊。

河西走廊，地处甘肃西部，南与青藏高原北缘的祁连山脉接壤，东临黄土高原，西与塔里木盆地交界，北与内蒙古高原南缘隆起的北山山地相连。两脉夹峙，形成了一条长1000多公里、宽10公里至百余公里不等的狭长地带。因地处黄河以西、形似走廊，人们给它起了一个非常灵动的名字：河西走廊。

"我家乃在祁连之南谷水北，名山咫尺环几席。"从小生活在河西的你，定然不会对祁连山陌生吧。那走廊的南山，就是著名的祁连山地。"祁连"在古匈奴语里是"天"的意思，可见这座名山高接云霄的气势是何等的雄伟。从乌鞘岭到当金口，绵延千余公里的祁连山，一直与河西走廊相依相伴，不离不弃。

《中国国家地理》上说，苍苍茫茫的祁连山，在来自太平洋季风的吹拂下，成了伸进西北干旱区的一座湿岛。这座又名为"南山"的祁连山不仅养育了"河西走廊"，保护了"丝绸之路"。更重要的是，它让中国的政治和文化渡过了西北的沙漠，与新疆的天山握手相接了。中国，在祁连山的护卫下走向了天山和帕米尔高原。

瞥一眼中国地图，那河西走廊确实是一个神奇的存在。由西藏、青海、新疆和内蒙古构成的中国西北部大片区域上，到处都是苍茫的青山和漫无边际的浩瀚大漠，它们共同隐埋着史前岁月的种种秘密，且一直保持着缄默。而那河西走廊，因着特殊的地理位置，而被赋予重要的历史职能。它以一线绿洲的形态带给人们一线生机和希望。

有人说，河西走廊是一道天然堑道，是一把尺度，是一枚标杆。

而在我的意念里，她犹如一把插入西北部这把沉默的锁子的钥匙，悄然地开启着岁月的门，时不时地释放出远古而来的点滴信息。

连绵雄伟的祁连山，莽莽苍苍，险峻无比。千万年降落的常年积雪积成万世冰川，万世冰川构成一座巨大的冰川水库，冬积雪，夏流淌，涓涓荡荡于阡陌之间，汇集成道道河流，较大的有谷水、弱水和冥水，聚集成休屠泽、居延泽和冥泽等湖泊。那谷水就是石羊河，那弱水就是黑河，那冥水是疏勒河。这三大内陆河纵横于河西走廊，使之成了西部旱区中得天独厚的绿洲群，也为这里赢得了"塞北江南"的美称。

当地的人们说，祁连山是父亲山，而这每一条内陆河都是孕育当地文明的母亲河。

难怪失去了河西的匈奴会在那片旷野大地上唱出那悲情的歌：失我

| 河西生命之源——祁连山冷龙岭

祁连冰川 |

祁连山,使我六畜不蕃息;失我焉支山,使我妇女无颜色……

这一客观事实,也再次印证了人类文明总是依水而行的道理。水,造就了绿洲,也孕育了文明。

五

管中窥豹,可见一斑。

这话的意思,不是今人所理解的窥一斑而知全豹。一斑是一斑,一豹是一豹。窥一斑,难知全豹。

跟随"玉帛之路国际文化考察活动"走进河西走廊,这样的感觉尤为强烈而逼真。走进河西走廊,你写下了《文化的格局》。

你说,穿越在河西走廊文化遗址和历史博物馆呈现的数千年烟云里,河西四郡的武威、张掖、酒泉、敦煌,及其周边的许多县区都不约而同地如此记述着历史的演变:距今 5000 年前,先民们在这里狩猎游牧,繁衍生息。战国以来,西戎在这里拓荒,羌在这里生活。秦时被乌孙和月氏占据,后来匈奴赶走了月氏。随着张骞的"凿空"行动和骠骑将军的河西大战,大汉天子一统河西,开通了彪炳史册的"丝绸之路"。这里,成了河西政治、经济、军事、文化的中心。

这样的叙事并不妨碍对地域的认知。但做为一段历程上不同节点的城市,应该有一个延伸、融合的地理空间和时间空间。而现实存在的齐家文化、四坝文化、火烧沟文化遗址,都在体现着一种历史文明的延续和更迭。而我们的文化表述恰恰缺乏的就是这种个性化的、运动化的历史文化事实。

五凉,是华夏文明史上一束奇异的光芒。史书记载,十六国时期,汉族张轨建立前凉,氐族吕光建立后凉,鲜卑族秃发乌孤建立南凉,匈奴族沮渠蒙逊建立北凉,汉族李暠建立西凉。其中前凉国力达到顶峰时,统辖 3 州 22 郡,它以姑臧,也就是今日的甘肃武威为都城,疆域东达秦岭，西跨葱岭，北至居延，南到河湟，占有今甘肃、青海、新疆、内蒙古四省区的大部分土地，成为当时北方地区除后赵之外最大的政权。而"河西四郡"对这一文化的研究和表述却出现了明显的割裂和强牵。同样，关于大禹治水、玄奘西行等诸多历史文化的讨论争鸣，不管是出于哪种需要，基于尊重历史事实的真实当为第一原则。而这种历史的真实，应当放置在河西走廊的大文化背景下，走联合发掘、交流创新、共同复兴的路子。

同质化的历史表达、割裂式的文化记载、多角度的文化去向，汇集到一起，体现了文化的一种格局。格局决定布局，布局决定结局。面对同样的历史碎片，通过高度、角度、宽度、深度和长度的站位变化，人们就会获得不同的历史体验和认证。

你说，不论是河西走廊的历史文化研究，还是"丝绸之路"的历史文化研究，都亟须人们剔除门户之见，既不妄自菲薄，亦不妄自尊大，增强文化的高度自信和高度自觉，跳出地域看地域，站在大局看局部，在华夏文明传承创新区建设中实现对文化格局的重新调整。

所以，在走进河西走廊之前，我不希望以割裂的思维、孤立的叙事，去铺陈我们的足迹。

还是让我们共同解读过河西走廊，然后再开始一步一步地前行。

六

提起河西走廊，不能不提起大汉的雄风，不能不提起张骞。

大汉的星空上闪耀过两颗夺目的明星，一个用"春秋笔法"在书写中完成了历史的行走，一个用"凿空"行动建立了文明传播与进步的历史通道，那就是司马迁和张骞。在"生不列传"的史记体系里，前者为后者破常规树起了名垂千古、彪炳史册的丰碑。促使司马迁做出这种抉择的，缘于张骞惊天地、泣鬼神的壮举。

秦汉之际，匈奴赶走了大月氏，西域二十六国都归依于匈奴。匈奴，成了河西走廊上的一支劲旅，也成了汉武大帝开疆扩境的最大屏障。

公元前 139 年，经历过半个世纪"文景之治"的大汉王朝再次迎来了生命的青春期。标新立异、气吞八荒的汉武大帝在那个春天长长地吁了一口气，周身的荷尔蒙被空前地激活。在那个历史的拐点，年轻气盛的汉武帝做出了史上有名的"元光决策"——招贤，出使西域，联合大月氏，夹击匈奴，收复河西！

那一年，"为人强力，宽大信人"的张骞才 29 岁，只是个品不入流的"郎"。用你们现在的话说，就是一个后备干部吧。当他看到朝廷招贤令后，毅然揭榜应募，率领百人使团作别长安，穿越秦陇大地，拉开了"凿空"探险行的序幕！

茫茫西域无边无际，大月氏人在哪里？

遥远的西周穆天子，西行会见西王母的道路在哪里？

那时的西部边境止于甘肃临洮，黄河以西的河西走廊、青藏高原、天山南北都被吐蕃、胡羌、匈奴等游牧民族占据着。沿途尽是戈壁大漠，荒原激流，张骞如何走过那茫茫西域？

他又该如何面对长年雄踞在北方草原，精于骑射的四十万匈奴精兵？

带着诸多的未知，张骞渡过了黄河，进入了被匈奴控制着的河西走廊。今天，人们不知道张骞在河西走廊祁连山下的哪片荒原上是否遇到了运玉的人？不知道"行者相望于道"中还有着怎样的人？不知道他是否也看到了如许精美的彩陶、青铜、玉帛？亦不知道他是在哪个村落、哪片荒原里遭到了匈奴骑兵的追击，最终被抓获。

　　抓获后的张骞被送往匈奴王廷，也就是今天的内蒙古呼和浩特。在那里，匈奴单于威逼利诱，让张骞娶了匈奴女子为妻，生了孩子。但"持汉节不失"的张骞一直没有改变通使月氏的决心。在被匈奴留居了10年之后，张骞趁匈奴不备，操着匈奴语，穿着胡服，混迹于匈奴人群，带领其妻儿、随从逃出了匈奴王廷。

　　飞沙走石、热浪滚滚也罢，冰雪皑皑、寒风刺骨也罢，智者不惑，仁者不惧，勇者无畏。张骞一行风餐露宿，过库车，越葱岭，人们不知他是否品尝到了新疆吐鲁番的葡萄？不知他是否看到了龟兹少女优美的舞姿？几经辗转，张骞来到了大宛。大宛国王把他送到了康居，康居人把他送到了大月氏。但日渐稳定已告别了游牧生活的大月氏不想打仗了，张骞只好回国。回国途中，他又被匈奴扣留一年。直到元朔三年，张骞才归得故里。

　　十三年河西一场梦，当年的百人使团只剩他和甘父了。这样的记载，让人再次想起"千人至，百人返；百人至，十人返"艰辛输玉的记载。

　　春秋以来，戎狄杂居泾渭之北。秦始皇北却戎狄，筑长城，以护中原，但其西界不过临洮。玉门之外的广阔西域，还没有纳入中原王权的势力范围。张骞通使西域，把中原王朝的声音送到了葱岭东西。张骞在前行，行者在后循；博望侯在走，司马迁在写。后人们沿着张骞的足迹，走出了誉满全球的"丝绸之路"。司马迁在《史记》中第一次完成了我国也是世界上对西域地区最翔实可靠的记载。

　　这是一次划时代的行走。

　　这是一个"宁为玉碎，不为瓦全"的英雄时代。

　　想起这样的时代，不要说你们人类，就连玉族们，也感觉到那种"一觉醒来重抖擞"的兴奋和活力。

大风起兮云飞扬。公元前 121 年的春天，名垂史册的骠骑将军霍去病带着一代帝王的宏愿，挥师西来，"出陇西，逾乌鳌（今庄浪河），讨遬濮（匈奴部落名），涉狐奴（今石羊河），历五王国，转战六月，……杀折兰王，斩卢侯王，执浑邪王子，收休屠祭天金人……"《汉书》的记载气势磅礴，雄师劲旅之风清新悦目。同年夏，霍去病再次吹响祁连山大战的号角，战争的矛头依然指向浑邪王。这一次，他又是风风火火走河西，霍去病率部出北地，涉钧耆（沙漠），济居延，臻小月氏，攻祁连山。此次出师，战果累累。这一年的秋天，浑邪王杀休屠王率部降汉。西域疆土终归汉室天下，汉天子在这里先后建得武威、张掖、酒泉、敦煌四郡，史称"河西四郡"。

河西归依汉室，普天同庆。这是因为河西的地域不仅是权力的象征，而且是横贯亚、非、欧三洲的黄金信道的必经之处。于是，汉天子在此修筑长城，移民垦荒，置屯戍边，充实边防，河西走廊出现了"边城晏闭，牛羊布野"的繁荣气象。随着汉朝对河西绿洲的开发，游牧民族文化、中原文化得到了最充分的交融。

河西走廊，就这样在母亲的怀抱里茁

这应该是真正的河西魂

壮成长着。

七

提起河西走廊，同样不能不提起历史的"五凉"。

走过"河西四郡"的每个博物馆，那里的"五凉"都以断章取义、支离破碎的形式存在着。我觉得这是今人的一种眼光和狭义的史论。我总感觉到那张轨、吕光，或者沮渠蒙逊，还是李暠，就在那些博物馆的哪一个地方窃笑呢？是呵，"河西四郡"，一线绿洲，唇亡齿寒，相濡以沫，这才是真正大度的文化气魄和战略眼光。

在我的印象里，"五凉"里有许多与玉有关的典故，或者有许多有玉精神的英雄和人物。我想从另一个角度上，能够让你感知到玉曾经在这里走过。

前凉的开国君主叫张寔，他的父亲张轨文武双全，少时聪明机敏，很有名望。晋末天下大乱，张轨想去割据河西，请求做了凉州刺史。当时鲜卑族在河西叛乱，河西一带寇盗纵横，张轨一到武威就斩寇盗首级万余，杀死鲜卑首领若罗拔能，俘获十余万口，一时威望大震，被公推为河西霸主。在武威立住脚后，张轨极力推崇儒学，还大规模重修武威城。时人说，"天下方乱，避难之地唯有凉州"，当时各地的名臣文士纷纷前往武威，投奔张轨。

"凉州大马，横行天下。"张轨死后，张寔继任。张寔和他的父亲一样，文武并用，以武守文。由于他的治理，中原大乱以后，关中也在所难免，唯有河西地区平安无事。以至于当时的长安城里还流传着一首歌谣："秦川中，血没腕，唯有凉州倚柱观。"公元 315 年，凉州的一名士兵偶然之间得到一块刻着"皇帝玺"三个字的玉玺。凉州的文武官员不约而同地向张寔祝贺，认为天意如此。敏慧的张寔听出了话外之音，他对大家说，"我平常最恨汉朝的袁氏兄弟，他们为得到皇帝的玉玺不择手段，大失人心，不然天下也不会为曹氏所据，诸君又何出此言啊？"当天就派人把玉玺送给了长安的晋愍帝小朝廷。当刘曜兵围长安时，四方诸侯无人响应，只有张寔多次兵援长安。他还写了一封感人至深的信："王室有事，不忘投躯。孤州远域，首尾多难，会闻朝廷倾覆，为忠不达于主，遣兵不及于难，痛慨之深，死有余责。今更遣韩璞等将，唯公命是从。"张寔对晋廷的赤胆忠心可表于天日。

张寔死后，张寔的弟弟张茂和儿子张骏相继继任。张茂再次大规模修建了武威城，筑起了灵钧台。这灵钧台，现在看来便是出土有齐家文化的海藏寺后面的那座高台。张骏呢，还在武威城南另建一城。史书上记载，张骏建下的谦光殿，以五色图画，以金玉装饰。这样的建筑和设计，是不是同样体现着玉信仰？张茂临死前拉着侄子张骏的手叮嘱道："我张家世代忠良，今虽华夏大乱，皇舆播迁，你也应当谨守人臣之节，上不负晋室，下保全百姓，则凉州幸甚！"

张骏病死，继位的是张重华。当喝着石羊河水长大的前凉王张天锡来到东晋时，孝武帝问他北方何物最可贵？张天锡应声而答："桑葚甘香，鸱鸮革响，淳酿养性，人无嫉心。"在张天锡的眼里，古凉州最美最可贵的是味道甜美的桑葚、叫声清脆的鸱鸮、能养人心性的美酒和没有嫉妒之心的凉州人。

这些张氏子孙，或者说，前凉王者，是不是都有一种玉的品性，玉的情怀？正因为他们的励精图治，才迎来了前凉的强大和繁荣。

在"五凉"的历史简册里，如玉之人还有谢艾。张重华一继位，数万羯兵浩浩荡荡杀奔凉州，"五凉"陷入了危难之中。作为中坚将军的谢艾率步骑五千，大败羯军，斩首五千多人。后来谢艾遭到排挤，调任酒泉太守。当石虎再次发兵长最（今甘肃天祝）时，谢艾不计前嫌，再次出征。史书上说，谢艾"辂车白帽"，击鼓前进，大破羯军。石虎闻听败讯哀叹道："我以偏师定九州，今以九州之力困于枹罕，真所谓彼有人焉，未可图也。"可惜，如此一代名将非战死沙场，反而却死在了多疑的前凉王张祚手中。

北凉王吕光，为了获得"国之大宝"的鸠摩罗什，曾经率领七万兵马、五千铁骑，沿着"丝绸之路"前往西域。战胜归来的途中，他用二万头骆驼载了西域各国的珍宝、奇伎、异戏以及珍禽怪兽共一千余件，还有骏马一万余匹回到河西，入居武威，建立北凉。我一直在想，吕光的驼队里，是否载着许多那来自和田的美玉呢？那些宝物，今天都到哪里去了？

匈奴人沮渠蒙逊是一个兼通文武、足智多谋而又务实的人物。沮渠蒙逊起兵称王时初居张掖，之后迁都武威。这位张掖籍的汉子当年是如何叱咤风云于河西走廊的呢？那定然是一道风卷残云的历史景观。而他开凿的"天梯山石窟"，却成就了凉州，赢得了华夏石窟的鼻祖之位。

李暠在敦煌建成了西凉国，他与夫人在河西大地的恩恩爱爱留下了华夏王权史上"李尹政权"的美谈。可是李暠去世后，他的儿子李歆却穷兵黩武、干戈相见，太后尹氏从人民生息和团结的愿望出发，苦口婆心的规劝并没有阻止李歆的一意孤行，结果上演了全军覆没的悲剧。胜者为王败者寇。从敦煌到凉州，押着尹氏的囚车从河西走廊的西端缓缓驶向姑臧。走过河西走廊，这位来自天水的女儿目睹着战争带给百姓的苦难，感受着河西儿女对和平的期盼。从太后到囚徒的变迁中，尹氏也许再次深切体会到了"化干戈为玉帛"的可贵。然而，一切已经太迟了。当沮渠蒙逊提出无理要求的时候，这位皇后娘娘，再次表现出了守身如玉、宁为玉碎的高贵节操。

"晋史传韬略，留名播五凉。"在凉州的那座高台上，尹氏终日过着以泪洗面的悲苦生活。而在她的脚下，正铺设着史前华夏最华丽的一页，那青铜色的记忆。

在张轨、沮渠蒙逊、李暠等人的励精图治下，河西走廊终于成为全国著名的文教兴盛之地。元代史学家胡三省评价说："永嘉之乱，中州之人士避地河西，张氏礼而用之，子孙相承，衣冠不坠，故凉州号为多士。"

在140多年的"五凉"史上，以龟兹乐为代表的西域文化向着东方走来，她们在河西走廊的内陆河畔歇歇脚，吸一口新鲜的空气后，继续向着南方的中原走去；中原的大批人才怀着背井离乡的惆怅和悲怆向着河西走廊走来，他们在清商乐中，抒发着忧国思乡的心情，挥洒着江南士子的情怀。龟兹乐、清商乐在这里轻轻一撞，撞击出了千古绝唱的"西凉乐"。

著名历史学家陈寅恪先生说，此偏隅之地，保存汉代中原之文化学术，经历东汉末、西晋之大乱及北朝扰攘之长期。能不失坠，卒得辗转灌输，加入隋唐统一混合之文化，蔚然为独立之一源，继前启后，实吾国文化史之一大业也。

这偏隅之地，就是河西走廊，就是昔日的大凉州。

高台博物馆魏晋墓壁画：歌舞之乡 |

八

玉帛朝回望帝乡，乌孙归去不称王。

还是要说玉。

电视纪录片《敦煌》里曾经这样描述过运玉的场景："这些美丽的石头，在中原能给商队带来巨大的利润。艰难的沙漠旅行中，他们会有许多意想不到的困难。……在历经几个月沙漠旅行的磨难后，当商队终于看到敦煌城墙的时候，所有人都真正松了口气。从这里再往东，就是安全并且相对舒适的河西走廊，再走两个月就可以到达他们的目的地长安了。"

长长的河西走廊，自古以来就是中原与西域相通的枢纽地带。因为他的美丽富饶和贯通东西的独特地理位置，成为羌人、大月氏人、乌孙人、匈奴人、鲜卑人、吐谷浑人、西域诸族人角争的所在。

根据民族学的判断，乌孙和月氏一样，很可能是活跃在西域地区的印欧民族后裔。

乌孙人为什么热衷玉石贸易而不再称王？为什么在4000年前后就在河西地区开始了"西玉东输"的贸易呢？是不是华夏国家玉石贸易的强烈需求和玉料运输的巨大利益，将不同民族不同族群的人们链接在一个文化共同体之中？这样的"不称王"，是不是在用另一种方式诠释着"化干戈为玉帛"的内涵？

有专家猜测，在河西走廊瓜州兔葫芦遗址、鹰窝树遗址等留下最早文化遗迹的四坝文化先民，很可能属于乌孙人的先祖吧。

"胡商贩客，日款塞下。""商侣往来，无有停绝。""通货羌胡，市日四合。"两千年前市容繁华、人口众多、商贾云集、胡汉杂处的河西走廊和四五千年前的河西走廊有着怎样的不同？

出自于河西走廊以西的和田玉，以其独特的玉质成为华夏王权最青睐的宝物和君子玉德的最佳表征。因为她的存在，造就了欧亚大陆最早、最久和最长的政治、文化、商贸交流大动脉——"玉帛之路"。因为她的存在，历代王朝都执意要把河西走廊以西地区的不同民族视为统一的文化共同体成员，将西部广大地区看成象征主权而神圣不可分割的组成部分。

高台地埂坡墓葬壁画:胡人像 |

通过河西走廊，中原丝绸、瓷器、漆器、竹器等商品和汉民族高度发达的造纸、印刷、火药等文化，走向西域、西亚及中东、西欧。

通过河西走廊，商客们将西方的珠玉、珍玩、葡萄、核桃、良马等运抵中原。

当道路畅通时，河西走廊是西来东往的总枢纽。

当道路阻塞时，这里又成为中外贸易的集散地和终点站。有考证记载说，"安史之乱"后，因为吐蕃占领了河西，大唐天子的墓葬中只能出现琉璃做成的玉璧或者汉白石制作的劣质的圭。

在资源依赖的文化共同体中，河西走廊的西头，连接着西域和新疆；河西走廊的东头，连接着中原。在这种交流互通的碰撞里，华夏文明在"和"的土壤里茁壮成长。

站立河西走廊，专家和学者们有着许多的疑问和悬念——

在远古时代，那一条"西玉东输"的大通道经过了怎样的路线？

在文明诞生的前夜，西北文化与中原文化如何实现着相互的交汇？

依托"玉帛之路"，玉文化是否先行实现了对华夏文明的一统？

"玉帛之路"的玉资源，究竟来自哪里？

"玉帛之路"与黄河、河流之间有着怎样的关系？

齐家文化与华夏文明有着怎样的联系？

河西走廊这片热土下，究竟埋藏着多少鲜为人知的文化秘密？

陇头流水歌响起，不徘徊。

从河西走廊出发，寻找"玉帛之路"。

之二　古城古台大凉州

"远游武威郡，遥望姑臧城。车马相交错，歌吹日纵横。"

在那个阳光明媚的日子里，被誉为"北地三才"之一的北魏著名文学家温子升出关西，过陇右，渡黄河，走进了武威——凉州。

巍巍祁连山下，武威绿洲一马平川、绿野如茵，"南北七里，东西三里"的武威郡治姑臧城遥遥在望，非常壮观。这里踏青的、游乐的，人来人往，热闹非凡。

走进城里，更是一片繁华热闹、歌舞升平的景象。街巷内车马来来往往，人群熙熙攘攘；馆舍酒楼里，歌声悦耳，羌管悠悠。歌乐声响彻街市，喧阗杂陈。

诗人禁不住叹道：武威——凉州，真是个繁荣富庶的好地方啊！

2014年7月13日，你和"玉帛之路"考察团的成员们相遇在武威。

一

君自故乡来，应知故乡事。来日绮窗前，寒梅著花开。

著名历史学家陈国灿教授说，在"丝绸之路"上，"河西走廊"像一串糖葫芦，把"河西四郡"串了起来。而武威，就是握着糖葫芦的那只手。"玉帛之路"行走进河西，我们在武威——凉州的天马湖畔握手相逢。这是一个多么美妙的开局啊。

你的朋友、此次考察活动的组织者冯玉雷先生说，曾为中国乃至世界重要文化中心的凉州，在漫长历史中有过何等的繁荣与辉煌！皇娘娘台，雷台汉墓，鸠摩罗什塔，西凉乐，凉州词……这些文化符号没有一个弱的。要说清中国历史，怎么也绕不开凉州。少了凉州，就像壮汉抽了筋。

从书写"玉帛之路"开始至今，你一直苦苦期盼着的，也不就是能够早日走进你的家乡么？

好了，现在让我们开始在你家乡——武威凉州的行走。

我知道，在你这多年的书写中，总是为"凉州"与"武威"的表述而困惑着。也有人为"大凉州"的提法存在着微词。但是走进河西走廊，我是真的相信了"大凉州"的存在。

西汉有一位口吃的著名文学家、哲学家、语言学家扬雄写过一首诗《凉州箴》。诗里写道：

> 黑水西河，横属昆仑。
>
> 服指间阎，画为雍垠。
>
> 每在季王，常失厥绪。
>
> 上帝不宁，命汉作凉。

武威天马湖景观:我们在这里相逢

陇山以徂，列为西荒。

南排劲旅，北启强胡。

并连属国，一护彼都。

那与河西走廊关联着的黑水、昆仑、阆阖、雍垠、陇山、凉州，一一见诸诗端。诗中说，从黑水西河直到昆仑的大片土地早已归附朝廷，被划做雍州的范围。可是每到历朝的最后一位皇帝，这里就会出现政局混乱、纲常中断的现象。天帝见到这样的情形，很不安宁。于是，在汉朝的时候把雍州改为了凉州。从陇山以西，自古被列为西荒地区。凉州啊，这是一块重地。向南，可抵御强大的百越等南方少数民族；向北，可驱逐强悍的胡人等北方少数民族。凉州的建立，把西域的小国家全部连属了起来，共同维护着都城长安的平安。

这就是诗意凉州的肇始。

清代学者张澍在《凉州府志备考》里记载道，汉武帝元朔三年（前126年），改雍州为凉州。因以其地处西方，金行其地，常寒凉也，得名凉州。当时的凉州，是指西安以西的西北地区。"河西四郡"建立后，均属凉州。

元封五年（前106年），天下分为十三州，史称"十三部刺史"，武威郡属凉州刺史部。

兴平元年(194年)，"河西四郡"从凉州分出，另置为雍州，州治姑臧县。

建安十八年(213年)，天下并为九州，撤凉州，武威郡并入雍州。

三国时，武威郡属魏国，魏文帝曹丕复置凉州。凉州州治由冀县(今甘谷县)迁来武威，辖武威等七郡。姑臧为州、郡、县三级治所。

相关的史书记载，汉武帝开辟"河西四郡"前，武威有休屠和姑臧两座城池，至迟为匈奴时所筑，是武威历史上最早的城市，距今已有

2100 多年。姑臧城在今武威地址，而休屠城呢，就在今武威城北 60 公里处，是匈奴休屠王的宫殿所在地。在今天的凉州区四坝镇三岔村，有一块裸露而高起的土堆，当地的人们认为那就是最早的休屠古城。逢年过节，村子里还有在那里烧纸祈福的人。几年时间里，你曾经先后去过两三次。大地无言，今人不识，究竟是真是假，谁也说不清楚。听当地文物部门的同志说，那里也曾发现过一些并不起眼的文物。踏上那片土地，因了那份情绪，一缕缕的沧桑感还是悄然涌起。

盖臧之名，后人讹传为姑臧，有人认为是古羌语地名。"姑"是羌语部落的种姓，"臧"是"家族"和"部落"的意思。《元和郡县志》对姑臧的来历有"因姑臧山为名"的记载，指的就是姑部落所在的莲花山。《西河旧事》中记载："姑臧城，秦月氏戎所据，匈奴谓之盖臧城，语讹为姑臧也"。东晋喻归《西河记》说："姑臧，匈奴盖臧城也，有头尾两翅，名盖鸟城。"所以，也有人认为姑臧是匈奴语。

位于凉州区四坝镇三岔的休屠古城遗址 |

武威地名，最早见于汉代。时人尝解释为"耀武扬威"或"武功军威"或"汉武军威"，你觉得杀气较重，且不足以体现"武威"的底蕴。你在一篇文章里做出了这样的诠释："仁德为武，扬我国威，是为武威。"

这样的诠释，无论古今，无论文武，体现了一定的境界和水平。应该点赞，应该弘扬。

二

真正进入河西走廊，从天祝乌鞘岭开始。

7月13日下午，"玉帛之路"考察团一行13人，从兰州出发，沿312国道西北行。下午5点，车过乌鞘岭。

"乌鞘雨雾乱云飞，汉使旌旗绕翠微。"乌鞘岭，这座东西长约17公里、南北宽约10公里的大山，藏语称为哈香日，意为和尚岭。古代又被称为洪池岭，有着"炎天飞雪"的奇观。乌鞘岭南临马牙雪山，西接古浪山峡，岭南有滔滔的金强河与水草丰美的抓喜秀龙草原，岭北有当地人誉为"金盆养鱼"的安远小盆地。张骞出使西域、唐玄奘西天取经都曾途经其岭，它是北部内陆河和南部外流河的分水岭，是陇中高原与河西走廊的天然分界线。

在7100多平方公里的天祝藏族自治县，从莽莽雪山下到苍翠林海边，从丰美的草原到滔滔的河流旁，祖祖辈辈的人们都在讲述着一个英雄的传说。当吐蕃王朝在青藏高原崛起后向外扩张的时候，有一支十分英勇善战的军团，他们在河西驻守了190多年。但是由于没有接到藏王允许返回的命令，只好原地待命。时间长了，他们就脱下武装为庶民，进入祁连山区，在这里安家了。后来，就形成了今天的华锐藏族。

《天祝县志》记载，新石器时代以来的这片土地上就有古人类活动的遗迹。距今4000多年前，天祝先民就在这里狩猎游牧，繁衍生息。他们，同样经历了磨石为刃、结茅为庐、执棍而猎、结绳为记的时代。战国以前，这里为西戎驻牧之地；秦为羌戎、月氏之地。武威市考古研究所研究员苏得华说，羌是游牧民族，戎是农耕民族，羌戎在天祝一带活动的历史很悠久，一直到了隋唐时期。天祝的土著民族就是羌戎。

在天祝县博物馆，有一个泥质红陶、敞口平唇、细颈折肩、黑彩上加绘白彩的彩陶，那是马家窑类型彩陶中比较少见的文物。还有一件国内所少见的蓖纹尖底瓶，专家认为，那也是马家窑类型的文物。这些文物在天祝境内的发现，告诉我们这里最早有马家窑文化居民，而马家窑文化的居民就是羌戎的祖先。

秦末汉初，匈奴赶走月氏，在这里过起"逐水草而迁徙"的生活。

云锁乌鞘岭 |

天汉雄风掠过华锐大地，天祝归入西汉版图。随着"丝绸之路"的开通，地扼东西、势控河西的天祝便成了古"丝绸之路"的通道，河西走廊的门户。

唐代宗广德二年，吐蕃从青藏高原崛起，进入河西走廊，长达90多年。"眼穿东日望老云，肠断正朝梳汉发。"公元848年，沙州人张义潮举兵起事，收复河西诸州，天祝属陇右节度使管辖。唐代后，天祝逐步形成了以吐蕃为主体民族的多民族聚居地。

五代至宋初，天祝为凉州六谷蕃部之地；大宋年间，华锐大地上又迎来了另一个少数民族——党项族。"地饶五谷，尤宜麦稻"且"畜牧甲天下"的天祝为西夏所占。元、明以来，天祝县一直实行政教合一的制度。1936年，国民政府取藏传佛教寺院天堂寺与祝贡寺二寺首字"天祝"为乡名，成立天祝乡，这是天祝之名在历史上首次出现。

也有人说，"天"是"天堂"的"天"，"祝"是"祝愿"的"祝"，天祝者，来自天堂的祝愿，也确实不错。

天祝是一个山的世界。布满天祝的崇山峻岭雄伟壮丽，气势磅礴。天然屏障乌鞘岭四季白雪皑皑，终年不化，银光闪烁。随着出没的山梁，汉、明长城蜿蜒西去。"马齿天成银作骨，龙鳞日积玉为胎。"位于县境西南部的马牙雪山是藏族人民的神山、圣山。它因形似马牙而得名，山脚下有绵延10余公里的茵茵草场。依山傍水而居的藏族人民，自古以来对雪山就怀有十二万分的崇拜和敬仰。

天祝是一个彩色的世界。绵延起伏的十万大山间布满了天然草原。从一片片山坡到一条条沟谷，从莽莽丛林到广袤平滩，流水潺潺，碧草丰美，满山满野都是一个春意盎然的诗意王国。而那乌鞘岭畔金黄的油菜花，亦让东来西去的游客流连忘返。

天祝还是一个水的世界。银光闪烁的雪山群峰、绿波苍茫的祁连林海是天祝河流的发源地，也是平衡生态、调节气候的"绿色水库"。毛藏河、西大河、大水河、冰沟河、土塔河、西沟河这些发源于祁连山以北的是内陆河，金强河、石门河、赛拉龙河、古城河这些发源于祁连山以南的是外流河。内陆河流聚成了石羊河流域，外流河汇入大通河，注入了黄河。

仁者爱山，智者爱水。走进新中国成立以来的第一个少数民族自治县，走过乌鞘岭，在那一个冰清玉洁的世界里，千山万水总是情。

三

夏日午后的行走，伴随着一山相送一山迎，确实有些"人困路长惟欲睡，日高人渴漫思茶"的感觉。

不要急，前面的路还远着呢。我能感受到你们格外兴奋而迫切的心情，但在漫长的考察行走中，我们需要的是耐力，是韧性。

闲着也是闲着。走进凉州，听不到《横吹曲》，就和你聊聊《凉州词》吧。你知道，只要读过几天书的人，没有一个人不知道《凉州词》。你是不是还想起了小时候摇头晃脑读那"黄河远上白云间"的情景！

"莫道武威是边城，文化前贤起后生。"历史以来的武威——凉州是一个不夜"书城"。"书城不夜"的武威孕育了光照寰宇的《凉州词》。翻开《资治通鉴》，一把可以抓出如许的凉州；翻阅唐诗宋词，浸润其间的《凉州词》和咏凉诗词比比皆是。一首《凉州词》，千秋不朽事，唱得凉州诗意盎然。

当"丝绸之路"的文明造就凉州的荣光与梦想时，武威凉州成了历代文人墨客挥不去的梦想。杜甫、白居易、王维、高适、岑参、元稹、王之涣、李益、王翰、张籍、陆游、于右任……这些在中国文化史上彪炳千秋的大师，他们或走过凉州，或畅想凉州，他们"举凡从军出塞，保土卫边，民族交往，塞上风情，或抒写报国之志，或发反战呼声，或借咏史以寄意，或记当代之边事，上自军事政治经济文化，下至朋友之情，夫妻之爱，生离之痛，死别之悲，都一一入诗"。诗圣们的吟唱，将凉州从古唱到了今。诗圣们的吟唱，唱得凉州天空诗意冉冉，唱得汉唐雄风深深地凿刻在了凉州深邃的时空里，流淌成了千古不绝的《凉州词》。

> 黄河原上白云间，
> 一片孤城万仞山。
> 羌笛何须怨杨柳，
> 春风不度玉门关。

这是大唐诗人王之涣的《凉州词》。武威人说，凉州城如果没有了王之涣，就会失去一种大象无形、大音稀声的魅力与境界。史书上没有明确记载，我们不知道性格豪放的王之涣究竟来没来过凉州。这位曾经登临过鹳雀楼的诗人传世的诗作不多，但这首《凉州词》风流千古，成就了他在边塞诗中的地位，成就了凉州城在中国城市群落中光芒万丈的地位。几千年来，凉州因为王之涣的这首绝唱而成了家喻户晓的一方圣土。

读着王之涣的《凉州词》，想起了古诗中屡屡提到的孤城，比如"祁连磅礴拥孤城，文物当年似两京"。昔日凉州是万仞山下的孤城，是祁连环抱着的孤城，但今日凉州不再是孤城，它已成为连接中西部的重要枢纽和"丝绸之路经济带"的黄金节点城市。吟着《凉州词》，畅游凉州城，我们不能不想，凉州，究竟是怎样的一片土地啊。大气磅礴的凉州，怎么又有着如此的幽怨；苍凉拙朴的凉州，怎么又如此的令人神往？

> 葡萄美酒夜光杯，

欲饮琵琶马上催。

醉卧沙场君莫笑,

古来征战几人回?

这是王翰的《凉州词》。外地人对于凉州的最初感知,大多来自于从小耳熟能详的这首词。

你看,军队刚刚驻休,将士们一头扎进凉州酒楼。灯红酒绿中,他们开怀畅饮。酒还未酣,却又听到铮铮琮琮的琵琶声从马上传来,催人出征。军令如山啊,英雄的将士匆匆饮下一碗酒,恋恋不舍地离开酒店,走向队伍。他说,即便我醉了,长眠在疆场,你也不要取笑啊。你可知道,自古以来,将士以战死沙场为荣,又有几多将士能够活着回来呢?

且不说将士的洒脱,且不说戍边的无奈。几千年来,王翰的《凉州词》天经地义地成就了凉州葡萄酒的辉煌。一代诗人轻轻一声吟唱,化成了凉州葡萄酒万世不休的经典广告。

昨夜番兵报国仇,

沙洲都胡破凉州。

黄河九曲今归汉,

塞外纵横战血流。

这是薛逢的《凉州词》。它从凉州被吐蕃所占、百姓生灵涂炭写到期盼君王收复失地,从惨烈的战争写到失地收复,悠悠羌笛吹诉着那六十年的悲伤、六十秋的期盼。

垆头酒熟葡萄香,

马足春深苜蓿长。

醉听古来横吹曲,

雄心一片在西凉。

　　春深时节，凉州原野上苜蓿青青，紫花淡淡。战马在悠闲地吃草，茂盛的苜蓿淹没了马蹄。踏春回到凉州城，酒楼里飘散出的葡萄酒香沁人心脾。畅饮一杯葡萄美酒吧，醉意朦胧中，听到远方传来的千古绝唱《横吹曲》。笛声悠悠，心潮澎湃。西凉啊，真是我建功立业、实现报国之志的一方热土。这是宋代诗人张恒的《凉州词》。

　　大诗人王维说："苜蓿随天马，葡萄逐汉臣。"苜蓿、葡萄，这是西凉大地上独特的两大景观，也是历代诗人畅想凉州不可或缺的意象。但是，将古凉州特有的葡萄、苜蓿、天马、《横吹曲》有机结合，一并入诗而留给后人的，也许就只有这首《凉州词》。而张恒留给后世的绝唱，还有那感天动地的西凉雄心，他让一代一代的凉州人找到了重振雄风的依托和理由。

> 边城暮雨雁飞低，
>
> 芦笋初生渐欲齐。
>
> 无数铃声遥过碛，
>
> 应驮白练到安西。

　　黄昏时分，凉州古城细雨连绵，雁子低飞，似乎在寻找着什么。湖边的芦苇刚刚发芽，嫩嫩的叶子被雨水洗刷着，争着向上生长，仿佛看到了春天的到来，生命的希望。沙漠那边，遥遥传来驼铃声。武威，作为"丝绸之路"的商贸集散中心，每天都有络绎不绝的商队从这里缓缓经过。他们，又要穿过沙漠，到达遥远的西域。这次他们带去的，应该还是中原的丝绸吧。

　　这又是唐代诗人张籍的《凉州词》。这幅万物复苏、水草丰美、生机勃勃的凉州"新春图"，形象地再现了丝绸之路上的凉州风光。而以声传影，因声见形的"无数铃声遥过碛，应驮白练到安西"，又成为唐诗颂凉州的又一绝唱。

千古绝唱《凉州词》，销尽词人鬓上霜。《凉州词》，一种光芒四射的辉煌，一种英勇悲壮的境界。《凉州词》，在唐宋的诗海里异常地闪亮。他们点亮了边塞文化的灯光，映红了凉州历史的长空。

是的，品读唐诗三百首，《凉州词》异常的掷地有声。

四

一位学者这样说道：对于河西地区而言，沙井文化是文明的晨曦，记载了史前人类活动的余烬燧影；对于中国陶器史来说，沙井文化是陶器时代的回光返照。沙井文化之后，中国陶器逐渐消隐于历史的长河。

在武威大地上熠熠生辉的沙井文化，是"玉帛之路暨齐家文化"考察团关注的对象之一。而沙井文化，与那个富于传奇的西部小县——民勤息息相关。

位于河西走廊东端的民勤，是一块沙漠绿洲。当地的文史专家考证说，在距今六亿年以前的远古时代，这里还是一片苍茫的古海洋。后来，随着地壳隆起，演变为祁连古陆。在距今约七千万年以前的喜马拉雅造山运动中，祁连山区急剧上升，形成了绵延千里的祁连山脉。山脉以北的东部地带，形成了现代民勤盆地。祁连山森林茂密，冰川连绵，源源不断的雪水汇入盆地，聚为湖泊。草原与湖泊，构成了辽阔而美丽的民勤绿洲。

《史记·夏本纪》中记载，"原隰底绩，至于都野"。"都野泽在武威县东北。（武威）县在姑臧城北三百里，东北即休屠泽也。古文以为猪野也。"《尚书》和《史记》的许多注家认为，《禹贡》《史记》的上述记载，其大意是大禹治水到了"潴野"或"都野"。也有人认为，"潴野"是古部族名，该民族生活在今石羊河流域，因以部族名作了地名。史料有限，难以证实，但这至少说明了在遥远的古代，先民们就在民勤进行着开发和建设。

距今约 4000 年前后，陇原大地步入了青铜时代。我国其他地区的彩陶已基本消失，而甘肃境内的彩陶依然独具魅力，先后出现了齐家、四坝、辛店、沙井等含有彩陶的青铜文化。它们特征鲜明、风采各异，极大地丰富了甘肃彩陶的内涵。

秦朝，河西走廊为匈奴所有，民勤一带是休屠王的领地。西汉时，民勤属凉州刺史部武威郡辖制，郡治武威。境内有武威、休屠、宣威三县。这是民勤境内真正开始立县的记载。同时，也让人们知道了，最早的武威，那张扬过"汉武军威"的所在，今天已默默地沉睡在黄沙之下。

元狩二年，大汉天子在河西设郡立县，"列四郡，据两关"，保证了"丝绸之路"的畅通。河西地区从此正式归入汉朝版图。之后，汉朝开始在河西移民实边，戍守生产。民勤归汉，迎来了历史上第一次农业大开发，由原来单一的游牧民族过渡到多民族逐渐融合，由以畜牧业为主的经济形式转变为农牧业并存的经济形式。

明洪武二十九年，政府置镇番卫。中华民国十七年，也就是 1928

| 亚洲最大的沙漠水库民勤红崖山水库

今日瀚海万顷良田　昔日沙井文化遗址

年，更名为民勤县，取"人民勤劳朴实"之意。

就是这个"人在长城之外，文在诸夏之先"的民勤，挺立在腾格里沙漠和巴丹吉林沙漠夹击的风沙线上。因为生态环境的逐步恶化，在华夏大地上打响了一场"决不让民勤成为第二个罗布泊"的生态保卫战！

也就是这个"塞上奥区"、瀚海绿洲的民勤，孕育了河西文明的晨曦——沙井文化。

人生有缘沙乡相逢，"玉帛之路"与君同行。生命当中有着多少不可言明的缘分呢？

五

继续我们的考察。

2009 年以来，你和你的伙伴先后多次走进民勤这片土地，去寻找一条大河，寻找隐没在黄沙之中的古城记忆。

你坚信，荒漠不是民勤的特质，这里有着"河流—古城—绿洲—彩陶"的文化链条。不管风沙吹过多少年，总是吹不走古城的痕迹，吹不走沙井文化固有的辉煌。

史料记载，甘肃河西三大内陆河之一的石羊河，在民勤县境内分为东西二支，东支为大东河，西支为大西河，最后北流注入青土湖。然而，在今天的民勤境内，除了跃进总干渠这条承担着向湖区输水的主动脉外，很少有人提及当年的东西大河。已基本废弃的大东河还依稀保留着老河道的影子外，大西河已经成了历史的一个回忆。

那么，大西河在哪里呢？

查阅史册，民勤城以西上下连绵300多公里的地方就是早期大西河的流域。大西河，从现在地处红崖山和黑山之间的红崖山水库的泄洪口流出，向着西北自由奔去。而今天，从西北方向刮过来的大风把古河道完全变成了沙的世界，这里已成了巴丹吉林沙漠的最前沿。

沿着大西河，纯朴善良的民勤人民创造了属于自己的历史和文明。寻找大西河，不能不想起大西河孕育的绿洲文明。

7月14日，在盛夏的日子里，"玉帛之路暨齐家文化"考察团的成员们走进民勤。他们关注的，依然是大西河孕育的沙井文化。

公元1924年，同样是一个热辣辣的七月。已经在中国进行了长达10余年考古的瑞典地质学家安特生在一批神奇的彩陶和铜器的吸引下，北上河西走廊，进入了几乎不为世人所知的西部小县——民勤县。

那个酷热难挨的夏天，安特生考察了民勤地界上的众多遗址，并从柳湖墩、沙井子到三角城，对这里的古遗址进行了大规模的开挖。一月之后，安特生的马车满载沙井子40余座墓葬中出土的器物踏上了回京的道路……

随着安特生的离去，"沙井文化"进入了世界史前考古的经典。民勤，也因"沙井文化"而闻名于世。

安特生拉开了中国史前考古的序幕，中国考古学家不约而同地关注起沙井文化。1943 年，考古学家夏鼐主持了沙井文化的考察。1948 年，裴文中、贾兰坡教授在民勤、张掖和永昌县城考察沙井文化类型。

沙井文化，是中国西北甘肃地区青铜时代文化较晚的一个支系，因首先发现于民勤沙井子而得名。它主要分布于河西走廊永登、古浪、民勤、永昌、张掖等地。沙井文化时代大体相当于中原地区东周时期，上限距今 3000 年左右，下限距今 2500 年左右。

民勤境内代表性的沙井文化遗址主要有柳湖墩遗址、火石滩遗址和小井子滩遗址。火石滩遗址位于民勤县西渠镇大坝村附近，小井子滩遗址位于泉山镇团结村附近的沙漠中。这里先后发掘出土有各种器物、房址、窖穴和城址、墓葬等。出土的陶器多为夹砂红陶，半部施以红色陶衣，表饰绳纹、锥刺纹、弦纹和彩绘，器形以单耳或双耳的圜底罐和桶状杯较为典型。石器有斧、刀、镞、网坠、环，制作比较粗糙。铜器较多，包括刀、镞及各种式样的装饰，特别是带翼的铜镞，制作相当进步，与周代的极为相似。同时也发现了为数不等的卜骨，说明当时的人们信奉宗教，举行祭祀。

正是正午的烈日骄阳下，云懒洋洋，柳懒洋洋，沙漠中的万物都呈现着炙热的无奈。而考察团的成员们沿着安特生走过的那一条道路，兴冲冲地向着柳湖墩沙井文化遗址进发。

1963 年和 1981 年，甘肃省政府先后将柳湖墩遗址公布为省级文物保护单位。自瑞典人安特生发掘以来，这里陆续出土有石斧、带孔石刀、夹砂粗红陶器等生产和生活用具。这里的文化内涵多以夹砂红陶为主，曾出土单耳、双耳夹砂粗红陶罐和圆鼓形筒状杯、石斧和带孔石刀等。在沙丘之间的滩地上，满布着夹砂粗红陶片、泥质红陶片等，还有青铜制的刀、三角镞、金耳环、绿松石和贝壳等装饰品。

遥想数千年的这一片土地上，先民们行走在大西河畔，居住在大西河畔。他们有的用着石器，有的用着青铜器，有的汲着大西河的水，用他们精巧的双手揉捏着陶土，制造着精美的彩陶。蓝天白云，清风绿水，还有精致的贝壳，嬉笑的孩子……

这一切，都在展示着这片土地相当成熟的远古文化。

然而，今天的沙井子一片宁静，三四千年前的那座古城已经沉睡在黄沙之下，安特生的骆驼队也已成为遥远的回忆。梭梭、红柳、蓬蒿，和那奔跑的野兔，让人穿越在远古与今朝、原野与遗迹之间；而那柳树、沙枣、葡萄，和那向日葵，在黄沙的映衬下，呈现着现代农业、沙产业的浓浓气息。

以红陶双耳罐为代表的沙井文化是甘肃年代最晚的含有彩陶的古文化，也是我国最晚的含有彩陶的古文化。随着西去的驼铃声，它最终消失在了茫茫的大漠戈壁中。

六

伴随着大规模的开发，民勤古绿洲上还相继建起了一座座黄土和沙砾夯筑的城池。三角城、连城、古城、文一城，陆续出现在这片绿洲上。

出民勤城西，当你看着那一望无际的西沙窝，谁能想到，那儿曾是面积达一千多平方公里的古绿洲呢？谁又能想到，在古绿洲以前，这儿就是那片水天一色的浩瀚西海呢？大西河走了，就在这片茫茫的沙丘中，那些沙井文化的遗址，那些曾经辉煌一时的、曾经影响着当时历史命运走向的城池，同样无可奈何地伴随着河流的消逝而淡出了历史的视野。

五年前，在茫茫巴丹吉林沙漠腹地，你和你的伙伴们在当地连古城管理站负责同志的带领下，找到了昔日的连城。它位于大西河畔西沙窝中部偏北的位置，站立连城故址西墙的中界向西望去，那些隐隐约约的坍塌的城墙，便是故址的西北角。

考古专家们曾对连城进行过多次的挖掘，这里有练兵校场、兵器库、铜器作坊、玛瑙作坊的影子。专家考证说，在汉代和唐代的时候，连城是这两个朝代的武威县城。它的废弃应该在唐代中期。连城古城的最后废弃，主要原因在于自然环境的恶化，水资源日渐匮乏是主要原因。

今天的人们走过这里，没有几个人能够想得起这是曾经的武威。今天，这里的大部分墙体都已残破，被沙丘埋压。连城，湮没在了历史的风沙里。

同样，与它一样修建在大西河东岸的古城、文一古城都没有逃脱因为生态恶化而被迫废弃的噩运。你记得非常清楚，2010 年 7 月那一次关于民勤古城遗址的寻找行走是十分的艰难。在茫茫沙海中，你们从晨曦初露的时候出发。中途，你们几次换乘车辆，沙漠越野车一次一次地陷入流沙之中。顶着午间炙热的太阳，脚下是滚烫的流沙。没有工具，你和你的伙伴们光着脚丫子，坐在流沙旁，一脚一脚地蹬着车轮下淤堵的流沙。见到它的时候已是烈日炎炎的正午时分。在苍茫荒漠中，古城的墙垣亦甚残破，表土疏松，四角的角墩多已倒坍。专家考证，民勤古城当属汉唐时期的一处军事据点。

还有民勤文一古城遗址。专家们考证，该城为汉武威郡宣威县城。

位于民勤绿洲最北端的三角城遗址，是民勤古绿洲上非常重要的边塞。因为城的平面呈三角形，所以人们叫它为三角城。专家认为，由于它的位置位于民勤绿洲的最北端，所以它的主要功能是防范匈奴的南下，它的性质应该和居延绿洲所设置的遮虏障性质相同。专家们从这里出土的石刀、石斧等工具以及三角城周围还散落着的大量的陶片、碎砖

| 考察团成员走上三角城遗址

瓦等文化内涵来推测，这座城至迟在汉末就已成了废墟。至于为什么废弃，主要原因可能是由于环境恶化而导致。

如今，这里仅仅剩下了一个 20 多米高的土台。

绿洲外围是荒漠。考察团一行驱车前往三角城遗址考察时，由民勤县城向东北行 50 多公里后，便没入了茫茫荒漠中。

在起伏的沙丘和摇曳的沙生植物间，三角城孤零零地屹立其间。走近这里，遍地皆是红沙陶片。有一处地表裸露地堆着红烧泥块，烧得程度不同，色样不一，多见手印痕迹。四周遍布夹砂红陶片，或粗或细，个别为彩陶。考察团的专家们考虑，这里分明是一处史前时期的陶窑遗址。这座城池可追溯到三千年前，不应该是汉城。

走进这些遗址古迹，陶片的断代以及三角城遗址文化类型的问题常常引起激烈的争论。专家学者们最深切的感受是，置身于古人居住、生活过的场所，有平和而宁静的心，你会听到一砖一瓦与你的对话。当触摸着这些遗留着古人精神气息的物件时，仿佛古人就站立在对面，似乎都能感受到他的气息。

往事跃千事，回想 3000 多年前的潴野泽畔，胡杨婆娑，红柳摇曳，湖泊荡漾，牛肥羊壮，先民们在这里刀耕火种，狩猎捕鱼，一座座城池在西北边陲的河流旁傲然矗立。话说间，樯橹灰飞烟灭；数千年，恰似海市蜃楼。

　　夯土层的墙在茫茫的沙漠中静静地诉说着水和人类文明的关系。当水从大西河流过来的时候，有了人类，有了文明，有了城池，有了军事，有了国防；当水结束的时候，这座城池就被茫茫的沙漠掩埋。有水才有绿洲，有水才有人类；没有水，一切都变成荒凉，水就是生命之源。

　　在全国重点文物保护单位圣容寺旁，民勤县博物馆静卧一隅用文字和实物展示着"余晖流艳——青铜时代诸文化"的风采。考察团一行参观了馆藏的民勤境内出土的 500 多件文物，尤其对沙井文化出土的双耳彩陶罐、夹沙单耳红陶罐、鼓腹圆底和陶瓶等，盛加称赞。在民勤县博物馆，还看到了稀有的神人变异的图案。神人纹是马家窑文化中晚期彩陶代表性纹饰之一，有的学者称之为蛙纹。半山早期的神人纹描绘比较具体，较接近于人的形象；半山晚期则变得较为抽象，以大圆圈代表头部，内填各种纹饰，上下肢向上折曲；肢部有数目不等的指爪。马厂时期，头部大多被完全省略，有的四肢由顺向演变为反向呈直角曲折，进而将代表身体的宽带也省略，简化为肢爪纹，最后深化成三纹折带纹。

　　专家们指出，从各地出土的沙井文化遗迹可以断定，沙井文化有异于中原文化。永昌蛤蟆墩墓葬出土的弧背小刀，带有鄂尔多斯式铜刀的特征。许多以各种动物纹样为题材的装饰品，具有匈奴文化的特征。榆树沟墓葬的鹿形饰、草帽状圆牌饰、带銎动物头饰都类似于匈奴文化中

| 民勤博物馆镇馆之宝铜罗汉造像

民勤镇国塔出土的玉带扣 |

| 沙井文化出土的半块石璧   沙井文化出土的圆底红陶罐 |

的同类器物。这说明沙井文化与匈奴族有着密切的关系。也有学者依据其分布和所处的时代推测，他们的先民可能属于活动在河西走廊一带的古月氏部族。

沿着这些古城蜿蜒而来的，还有被人们称作军事屏障、绿洲保护神的千年长城。《史记·大宛列传》中记载到："汉武帝元鼎六年，始筑令居以西，初置酒泉郡，以通西北国。"这个信息告诉人们，汉武帝时候，人们修筑起了从兰州黄河以西通往河西走廊的长城。民勤境内，有汉长城和明长城，汉长城大约有 150 公里，明长城有 120 公里，虽然我们今天在实地很难找到汉长城，但是在大比例尺的宏观照度下可以隐隐约约

| 民勤绿洲上的长城遗址

看到，在西沙窝一带，有一条由东北向西南大约 10 公里左右的汉长城。在今天的红水河东岸向北进入民勤境内，沿着石羊河的东岸继续向北，在

三角城附近拐向西，然后再向西南，到今天的文一古城西边和明长城汇合，进入永昌境内。

可是，在奔赴连城的路上，在大坝乡文一村，只有那段被人们称作是民勤境内"唯一"可以看出形状的长城。长城里面，是明汉两代农业开垦的地方；长城外面，是游牧民族生活的地方。但是经过这么多年之后，这些由夯土层垒筑起来的，有好多地方都建了砖瓦窑，倒了很多垃圾，还有附近居民埋的坟墓。如果不是甘肃省人民政府竖起的两块文物保护单位石碑，这些被公路隔断，已经只剩下高不足数米、长不足5000米的鱼脊状的几段土丘状断墙残垣，绝不会让人和雄伟的万里长城联系在一起。

沧桑巨变，多少长城已永远地消失在沙尘中。

七

你总是认为武威是历史文化的满天繁星。

一提起武威，你会如数家珍地告诉人们，这里有天下第一马——铜奔马，天下第一窟——天梯山石窟，天下第一碑——西夏碑……这里有各类文物点1000多处，其中全国重点文物保护单位12处，省级文物保护单位60处，馆藏文物4.8万多件；这里有种类繁多、内容丰富、特色鲜明的长城文化、丝路文化、石窟文化、简牍文化、五凉文化、西夏文化、边塞军旅文化、葡萄酒文化，这里是舞蹈的国度、诗的故乡、古今艺术荟萃的殿堂、民族民俗风情的熔炉……

毋庸置疑，你的所有简介都在说明着武威的美好。但是，如果没有这些底蕴深厚的文化，武威也将不再是武威。而走在"玉帛之路"上，我们关注的，重点是齐家文化，是有关"玉帛之路"的碎片信息。

还是要说马。因为这不是一匹普通的马。

1969 年 9 月 22 日，原武威县新鲜公社新鲜大队的农民们在武威城北的雷台观下开挖地道。当他们挥动镐头和铁锹不断向前挖土时，眼前

出现了一堵用青砖砌成的墙壁。砸开墙壁，里面竟是一间用青砖砌成的墓室。借着手电筒的光亮，人们看到墓室里整齐排列着数不清的铜人、铜车、铜马等。

| 武威雷台铜车马仪仗俑

经过考古人员的进一步抢救挖掘，这个墓分前、中、后三室，前室附有左右耳室，中室附右耳室，墓门向东，墓门至墓后室总长近 20 米。虽然遭遇过多次盗掘，但是遗存尚多，出土有金、银、铜、铁、玉、骨、漆、石、陶器等文物 231 件。在这众多的文物中，最突出的是 99 件铸造精致的铜车马武士仪仗俑，而最引人注目的就是铜奔马。

这尊用青铜铸成的马，体形矫健，神势若飞，喷鼻翘尾，昂首嘶鸣，鬃毛飘扬，她的左前足、左后足奋力向后，右前足疾驰向前，只有右后足劲踏一只飞翔中的似燕似雀的身上。铜奔马，通体显示着风驰电掣的速度和"天马行空"的雄姿。

武威市博物馆原馆长、文博研究员党寿山回忆说，这个墓发现以后，学术界有许多争论，有人说是东汉晚期的墓，也有人说这个墓葬是前凉的墓葬。如果说这是前凉的墓，那么这个墓葬就该是前凉王的王陵所在地。另外，关于墓主人是谁也各说不一。有人说是前凉张光俊，有

人还说是张焕，到现在也没有定论。

铜奔马出土后的40多年里，墓主人之谜、断代之谜、设计师之谜、古井之谜、盗墓者之谜……一个个未解之谜使得这座古墓越加古幽深邃，神秘莫测。

天下第一马——马踏飞燕

"天马来兮从西极，经万里兮归有德。承灵威兮降外国，涉流沙兮九夷服。"这是一匹腾冲在"丝绸之路"上的天马。"汗血马"的故事印证了"丝绸之路"的交流与沟通。"天马"落户凉州，印证了"凉州畜牧天下饶"的记载。

就在人们饶有兴趣地关注着铜奔马的时候，在铜奔马出土38年后的2007年，武威考古界再次传来喜讯：在武威，出土了与铜奔马造型极为相似的陶奔马。

一铜一陶，相映生辉。从另一个角度印证了"丝绸之路"上东来的青铜与西去的彩陶精彩的对话。

还有一位叫杨鉴旻的学者认为，铜奔马是武威雷台汉墓中的一件明器。这匹马不是用于战争、农耕和交通，而是作为协助死者灵魂升天的神灵之兽被雕塑的。马与鸟是墓主灵魂的守护神，它们的作用是超度亡魂，负责将墓主的亡灵从冥间快速超度到天国。

马是和平的使者，是精神的图腾。龙与马的演变，又在某种意义上预示着什么？

| 金日磾塑像

在雷台博物馆，博物馆副馆长程爱民介绍了金日磾的情况。程爱民说，金日磾是驻牧武威的匈奴休屠王太子，汉武帝因获休屠王祭天金人故赐姓为金，并拜他为马监。金日磾善于驯马，被当地人尊为"马神"。他的后代在王莽代汉时受到迫害，部分逃到了山东文登的丛家砚，从此改姓为丛。据韩国汉阳大学金桼模教授考证，金日磾的部分后裔迁徙到了韩半岛，成了当代大姓金氏的祖先。

说过了马，还要提及行走在这条文明通道上的西域高僧鸠摩罗什。

1700多年前，一位名叫鸠摩罗什的神童在龟兹国出生了。那时的中国，正处于国运衰微的三国魏晋时期。事隔30多年后，建元十八年九月，前秦王苻坚因为仰慕"国之大宝"的鸠摩罗什，不惜调派七万大军，派遣吕光率军西征龟兹。锐气风发的吕光征服西域30余国后，带着鸠摩罗什启程回到了姑臧。

站在凉州，西域向西，中原向东。鸠摩罗什在吕光为他修建的凉州罗什寺里，驻锡译经，学习汉语。西域中原僧侣闻名而来，汇集于凉州，推动了凉州佛教的发展。凉州，成了罗什大师的第二故乡。

17年后，后秦国王姚兴再次为这位"智慧之子"发动战争。在大败后凉后，姚秦恭迎鸠摩罗什到达长安，尊为国师，开始了大师在中原的译经事业。公元409年，"与汉地有重缘"的鸠摩罗什在完成了三百多部经卷的译著后圆寂于长安。

哀鸾鸣孤桐,清响彻九天。鸠摩罗什,开创了中国佛教文化的新纪元。被著名历史学学家、文学家梁启超先生称之为"译界第一宗匠"的鸠摩罗什曾经说过:"所译经典,要是没有违背原意的地方,死后焚身,舌不烂。"罗什寺塔,相传就是埋葬大师"不烂之舌"的地方。

武威鸠摩罗什寺是最具国际宗教文化旅游价值的佛教圣地之一。盛唐时期,这里是西北地区最大的寺院,是往返"丝绸之路"的使节、僧侣荟萃交流的地方。鸠摩罗什圆寂200年后,和鸠摩罗什一起被后人尊为中国"四大翻译家"的大唐高僧玄奘,从长安出发,走过凉州,溯源大师当年东行的路线,完成了佛教史上伟大的"西游"。

一任袈裟万里游,历尽风霜至东土。沿着"丝绸之路"东来,如果说龟兹是孕育鸠摩罗什成为文化巨匠、佛学大师的摇篮,西安是鸠摩罗什实现"弘法东土"夙愿的乐土。那么,武威凉州,就毫无疑问是实现罗什大师浴火重生的圣地。

还有凉州石窟。公元401年,在北凉王沮渠蒙逊的大力提倡下,北凉境内译经事佛,争相开窟建寺。河西走廊自东向西,依次开凿有天梯大佛寺、金塔寺、马蹄寺、文殊山、昌马石窟、榆林窟和莫高窟等,可谓石窟林立,居全国之冠。据此,有专家将这种现

武威鸠摩罗什塔

象称之为"凉州模式"。北凉之后，在北魏当政者的倡导下，"凉州模式"的石窟寺建造形式传至山西大同云冈石窟，后又随着鲜卑人的内迁而传至洛阳龙门石窟。佛教高僧鸠摩罗什及法显、玄奘等，都在河西地区留下了他们的事迹。

还有一个需要提及的信息。1977 年以来，考古专家们在高台、酒泉、嘉峪关、敦煌等地相继发现了数十座属于十六国时期的壁画墓和墓葬壁画砖，被誉为"大漠戈壁里的地下艺术宫"，填补了中国魏晋绘画的空白。而在武威，稀有罕见的汉墓壁画犹如武威瑰宝中一朵奇葩，吸引着众多的专家学者前来探究考证。

我国最早的神话故事集《山海经》中讲到这样一个故事：在遥远的西方昆仑山上，有一个黄帝宫，那是天上神仙下界聚会的地方。宫有九门，门门有一只相貌非凡、身大类虎、人面虎爪、能变九头九尾的神兽看护着。宫四周神树环绕，神树结果，果味不甜不酸，不苦不涩，食之不老不死，永葆青春。神兽看门毫无差错，人们称之为开明兽；寿木丛生

昆仑山上的独角兽

不老，人们称之为不死树。因为是神话，所以人们从来没有见过它，也很少提到它。然而，在武威市凉州区韩佐乡五坝山汉墓 7 号墓的壁画中，却出现了开明兽和不死树的风采。在墓的东壁上，有一幅山林猎牧图，画上有层叠的山峦、翠郁的山林。山林深处，人们在狩猎、放牧。据考证，这是我国现存最早的中国山水画。墓的西壁上画有佳肴宴客、美女起舞，它也是较早的中国人物画。

还要说说汉简。甘肃是我国发现简牍时间最早、数量最多的地方。20 世纪以来，在河西各地出土了 6 万余枚汉简，是难得一见的古代原始档案资料，对于研究汉至魏晋时代的军事、政治、经济、文化、宗教及社会生活状况等，都有着补史、证史和史书不可替代的作用。1959 年以来，武威先后在磨嘴子墓群、旱滩坡墓群和五

汉简 |

坝山墓群出土了 630 余枚汉简，这些简牍以其数量多、保存好、内容丰富等独具的特点构成了中国简牍学的重要组成部分。在这内容广泛的汉简中，被列为国宝级文物的王杖简、医药简和仪礼简更是引起了国内外学者的空前关注。

还有与山东曲阜孔庙、云南建水孔庙并称为"中国三大孔庙"之一的武威文庙。易华教授特别欣赏大成殿上的那副对联：量合乾坤明参日月，学兼中外道冠古今！

"玉帛之路"走过凉州，一路沟通，一路交流，一路徜

文庙牌匾 |

祥，一路穿越。在这条穿越历史、穿越民族的文化的交流之路上，每一件器物都是一部绵长的历史，每一个遗迹都是一段美丽生动的文化交融故事。它们，在幽幽诉说着遥远岁月里经历过的传奇与嬗变……

八

胡地三月半，梨花今又开。

因从老僧饭，更上夫人台。

清唱云不去，弹弦风飒来。

应须一倒载，还似山公来。

正是边塞三月梨花盛开的时候。这一日，羁居在凉州的岑参受尹台寺老僧的邀请，再次来到尹台寺，登上了夫人台。放眼望去，田野里梨花飘香，尹台寺上琴声歌声"声振林木，响遏行云"。此景此情，令人惬意。尽情间，诗人已如晋代山简那样尽醉而归。

凉州多古台，古台多传奇。位于武威城西北五里许的尹台寺便是其中之一。

这是一个有故事的地方。最早的时候，它不叫皇娘娘台，人们称它为窦融台。西汉末年，古凉州西边有羌胡统治者的侵扰，东边割据陇西天水一带的隗嚣也企图西犯凉州。在这种危机四伏的情况下，官为属国都尉的窦融被推选为金城、武威、张掖、酒泉、敦煌五郡大将军。窦融据守河西后，选贤任能，为政宽和，上下一心，因此凉州境内"晏然富殖"，百姓安居乐业。《后汉书·孔奋传》中这样说："时天下扰乱，唯河西独安，而姑臧称为富邑，通货羌胡，市日四合。每居县者，不盈数月，辄致丰积。"那时的富邑凉州城市日四合，而那时的京都长安才市日三合。

为了纪念这位五郡大将军，后人就在凉州城里修建了"窦融台"。

窦融台，又何以改名为皇娘娘台？这位皇娘娘又是哪个朝代的哪位皇后呢？皇后娘娘的高台又为什么建在了武威凉州呢？

东晋十六国时期，李暠在河西创建了西凉"李尹政权"。李暠去世后，他的儿子李歆继位，尹氏被尊为太后。不久，李歆起兵攻打北凉，尹氏从人民生息和团结的愿望出发，规劝李歆不要穷兵黩武，干戈相见。李歆不听，一意孤行，结果全军覆没。他的母亲尹氏呢，也被沮渠蒙逊囚禁于凉州的这座窦融台上。唐代的开国皇帝李渊是西凉国王李暠之后，为了纪念祖先，于是在黄袍加身后将凉州窦融台命名为尹夫人台，还在台上修建了寺院，名叫尹台寺。因为尹夫人是皇后娘娘，民间就把这座台子叫做皇娘娘台。

"李尹政权"的励精图治，成就了凉州"兵无血刃，坐定千里"的繁荣盛景。世事变迁，发生在皇娘娘台上的那些血火断肠的传奇已不复存在。但它，永远地让人们想起历史的"五凉"，想起当年发生在大凉州的波澜史实。

但是，皇娘娘台的经典远远不止这些。你是知道的，这还是一座史前文化的高台，这里有着更为久远的故事。

1957 年的一天，考古学家意外

笔者与勘测队负责人观看皇娘娘台保护规划

发现，皇娘娘台下的土地曾为更远古时代的人类耕耘过。从那一年开始直到 1975 年，甘肃考古工作者在这里发现了中国黄河上游新石器时代晚期至青铜时代早期齐家文化的遗址，并在这里进行过四次系统的发掘。遗址东西长 500 米，南北宽 250 米，文化层厚度达到 0.62 米至 2.3 米，内涵十分丰富。而成年男女合葬墓、红铜器和玉礼器，是皇娘娘台遗址最重要的发现。

皇娘娘台遗址发现的 6 座房屋多为方形半地穴式建筑，有白灰面居住面。根据遗存部分推测，住室的建造都是先由地面挖成方形土坑，然后在底面和墙壁上涂以白灰面，构成四合壁半竖穴的形式。

这里保存较好的一座房屋面积约 12 平方米，在住室周围有窖穴和炉灶分布。窖穴有圆形、椭圆形和长方形，穴内满填灰土。在一大型窖穴边缘有柱穴 15 个，均匀沿坑排列，穴内有朽木痕迹，间有砾石片、细石片和陶片混入。专家推测，这些遗迹表明此处原为棚房，用于储藏东西。室内遗留工具、陶器 20 件左右。

皇娘娘台墓葬遗址很多，分布与窖穴和住房交织在一起，有些则直接利用废弃后的窖穴埋葬。这里的墓葬有单人葬和合葬两种，个别的有二次葬。前者以仰身直肢葬为主，后者有成年男女合葬、成人与小孩合葬等，葬式有侧卧屈肢、仰卧屈肢、仰卧伸肢等。成人男女合葬墓中，二人合葬者男性居左仰身直肢，女性居右侧身屈肢。三人合葬者，男性居中仰身直肢，女性在左右侧身屈肢。

皇娘娘台出土的各种文化遗物较多，主要有陶器、石器、玉器、骨角器、铜器和卜骨。

陶器多破损成片，以泥质红陶最多，彩陶较少。器形和纹饰与西北地区同类文化遗存大致相同，但碗、盆、钵之类的器形却少见。

石器种类很多，有斧、刀、凿、镰、镞、纺轮、刮削器等各种生产工具，多为磨制，打制的较少。石器是当时人们从事农业生产的主要工具，它的普遍应用证明当时这里的农业经济已经有了很大的发展。

骨器种类有针、凿、锥、镞、叉、珠，还有牛、羊、猪、狗、鹿等兽骨，反映出当时这里的畜牧业已经发达。骨针、骨纺轮的存在，标明当时的纺织和缝纫手工也相当盛行。专家们还在这里发现有 40 片左右的卜骨，材料系羊、牛、猪的肩胛骨，以羊骨为主。人们用它来占卜。箭镞的普遍使用，可知狩猎仍是人们的一种辅助性生产。

这里出土的刀、锥、钻、凿、环等 30 件红铜器和一些铜渣，是中国迄今成批出土年代最早的红铜器。经用光谱定性、半定量分析化学方法的检验，铜刀的含铜量为 99.63%～99.87%，铅、锡、锑、镍等元素含量的总和只占 0.13%～0.37%；铜锥的含铜量为 99.87%，铅、锡含量总和只占 0.13%，表明是一种纯铜制品。

这里各墓中出土的随葬器物多寡悬殊，象征权力和财富的玉斧、玉璧、玉璜、绿松石珠、粗玉石片也有发现，个别男性身上集中放置有 80 多件玉璧。

这就是武威皇娘娘台。有着距今 4000 年左右的历史，是齐家文化最重要的代表性遗址，更是研究齐家文化的经典遗址。

面对这样的一处遗址，齐家文化暨"玉帛之路"考察团的成员们表现出了一种空前的向往和期待。在他们眼里，呈现出不同的辉煌和亮色——

一直从事考古研究的刘学堂教授对皇娘娘台的考古挖掘有着更多的了解。他展开想象的翅膀，用诗意的语言向人们诠释着皇娘娘台考古的内涵。刘学堂说，皇娘娘台给后人留下了数千年前人们踟蹰于文明门槛前的一则则故事。在那遥远的史前时期，皇娘娘台迎来了披着文明曙光的齐家文化

皇娘娘台玉璧

人群。相比河西其他地方，齐家人较早地组成这样大规模的群体，选择这个地方生息繁衍。其后，齐家人以快得不可思议的速度，拓展它们在河西黄河源头的领地。

刘学堂说，皇娘娘台的齐家人在这里住了数百年，繁衍了不知多少代人。人们延续着古老的传统，用磨制的锐利的斧、铲、锛、刀等石器工具剥皮削木，锋利异常；用磨棒、磨盘来加工小米、小麦或其他粮食作物。他们烧制和使用的一组特殊陶器，引人注目。那些陶器，多为夹砂红陶的双大耳罐、高耳双耳罐、侈口罐、盆或豆，成组配套，考古学称为一个组合。他们制作的陶器，与更早时候发生、延续到同一时代的河西地区马家窑文化系统的陶器断然有别。马家窑人以彩陶为旗帜，而齐家人惯以使用的那些器物细腰宽耳，难以在其上着彩。少量齐家文化的彩陶，掺杂了马家窑文化和马厂类型遗物的成分，分明是受到马家窑人的后裔影响所致，是文化互渗的结果。这样的判断，证明了齐家文化晚于马家窑文化。

刘学堂说，皇娘娘台齐家人的墓地给我们揭示了一个前所未见，处于文明前夜的不一样的人世。这一时期，石器时代一直平和的氏族社会里成员间相亲相爱、和谐无间的生活渐渐远去，成为背景。人们有了贵贱高低，这就拉开了男尊女卑历史的序幕。这一切都有墓例为证：皇娘娘台墓地的合葬墓中，男人为一家之主，死后在墓穴内居于主位，同穴的女子侧身屈肢，面向男子，双手屈于面前，显出侍奉的状貌。有一女性入葬的姿势十分别扭，分明是活体强行陪葬，姿态显示出被按进墓室时拼命挣扎求生的悲惨状貌。皇娘娘台编号为 M76 的那座墓，男人身边的女人，与男人相背而葬，想来竟是被捆绑后强行入葬。皇娘娘台遗址另有三座墓葬的墓室内葬有一男两女，男人居尊，身侧围着的女人地位也不一样。那座编号为 M66 的墓里，男人左侧的那位女性，身上放有石璧二件，而蹲在右侧的女性，一无所有。那个身上放有石璧的女人，推为男人的妻房；那蹲着侍奉、一无所有的女人，应该是男人的妾。

而易华认为，根据皇娘娘台出土的遗址和墓葬的葬式，这种贫富分化和男尊女卑现象正好与夏代社会状况相当。

透过皇娘娘台出土的牛、羊、猪、狗、鹿等兽骨，专家们再次证实了"凉州畜牧甲天下"的提法。河西地区是羊、牛、马的天堂，养羊、牧牛的历史可以追溯到4000年前的齐家文化。专家说，新石器时代的代表性家畜是猪和狗，青铜时代才出现羊、牛、马。齐家文化先民已开始养羊、牧牛，说明已进入畜牧业发展的新时期。皇娘娘台遗址出土40余片卜骨，羊肩胛骨已成为决策的重要载体，而骨卜正是夏商时代流行的决策方式。

最值得一说的是，皇娘娘台的齐家人，已经开始使用铜器，这一遗址里发现的30件多件铜器都是红铜，可以说是中国史前青铜业的"马前卒"，开创了中国青铜时代的先河。对此，一直关注夏文化的易华研究员说，皇娘娘台成批铜器的出土，表明中国西北地区率先进入了青铜时代。因此，皇娘娘台遗址不仅是甘肃最重要的齐家文化遗址，更是全国青铜时代独特的代表性遗址。

叶舒宪教授最关注的是玉。他认为，能够代表美玉文化西渐的是武威西郊的皇娘娘台出土齐家文化墓葬大量随葬玉礼器，这是中国版图上迄今所知史前玉礼器规模出现的最西端站点。

皇娘娘台遗址出土玉器上百件，主要是璧和璜。金声玉振，标志着河西走廊率先进入了青铜时代。象征着东亚本地起源的定居玉器文化与外来青铜游牧文化在此交汇融合。

皇娘娘台遗址，就是史前文化在黄河流域上游的一个制高点，像一座丰碑，展示和记载着齐家人的生生死死。

九

武威今见何时月？千古犹唱凉州词。

天下尽知铜奔马，安识地底亦藏谜。

皇娘娘台且徘徊，玉璧红铜俱称奇……

郑欣淼在《玉路歌》中这样写道。我不知道，这位老学者、文化部的老领导为什么用了一个"且徘徊"？它让我在第一时间里想到的是，"孔雀东南飞，五里一徘徊"。

孔雀有孔雀的惆怅，考察团的专家学者们有他们的纠结。

7月15日，"玉帛之路与齐家文化考察团"的成员们在当地文物部门工作人员的带领下，驱车前往皇娘娘台遗址。包括你在内，洋溢在车厢里的是经过一夜休整后重新焕发出的活力和激情，是对这一经典文化遗址的万分神往、千般尊崇。

在向导的带领下，考察车告别凉州老城，向西驶入新建中的武威新城区。武威，这座昔日"丝绸之路"上的重镇商埠，在国家支持"西部大开发"强劲东风的吹拂下，正在发生着日新月异的变化。近年来，当地党委提出了一个非常富于哲理思辨的发展理念——无中生有抓项目。一个个新型工业园区在荒滩戈壁上悄然兴起，一座座高楼大厦在新旧城区里拔地而起，鳞次栉比。一切，都像春天那样欣欣然睁开了眼，奔跑着，成长着。

皇娘娘台遗址位于武威城西郊。今天，随着武威新城区的规划建设，川流不息的建筑用车和轰鸣的机械打破了曾有的宁静。一座座现代建筑群在这里应运而生，这里已经构成了一个新型的"城市森林"。

向导寻寻觅觅，考察团的成员寻寻觅觅，你也寻寻觅觅。寻寻觅觅中，依然没有看到任何齐家文化遗迹和文物保护的标志。

映入眼帘的，是一片成堆的建筑垃圾。

刘学堂说，传说中的皇娘娘台曾经的雕梁画宇已随史风吹远，已渗化为民间的传说。考古学家发掘出来的那段更古老的历史，已沉隐在地下。

易华说，齐家文化核心区在甘肃。皇娘娘台遗址是甘肃近四十年前正式发掘的三大齐家文化遗址之一，秦魏家遗址和大何庄遗址已被刘家峡水库永久淹没。作为三大齐家文化遗址唯一幸存者，皇娘娘台具有无可比拟的学术价值和历史意义。救救皇娘娘台遗址！

叶舒宪是冲着齐家玉来的。而皇娘娘台是齐家玉最早和最多的发现地。叶舒宪走过一个又一个的垃圾堆，凝望着，思考着，寻找着。是的，那个藏有宝玉的皇娘娘台在哪呢？……

失望、扫兴、遗憾，在那个早晨弥散在考察团所处的每一个时空里。而我能够相见，在这支队伍里，最痛苦的人是你。

五年前，为了创作那部《大漠·长河》的大型电视纪录片，你和你的团队前后到那里寻访过多次。你非常清楚地记得当时寻访的路线：从城区出发，向西行进两公里多，便来到了驰名神州的皇台酒业集团。在它的旁边，是尹台寺。在这座寺院的南边，石羊河流域的分支金沙河穿流而过。河的旁边，有一个古台遗址，那就是

被城市建筑垃圾掩埋了的皇娘娘台遗址 |

皇娘娘台遗址。当你见到她们的时候，那个古台已经完全失去了台的概念和特征，只是一棱黄土。周边是大片大片的庄稼。在那地头，兀然立着半截残碑，上面隐约可见像是"甘肃省重点保护文物单位"的字样。

行行重行行中，你感觉到自己在这座城市里也已迷失了方向。

当许多人惊叹于马踏飞燕、凉州百塔、西夏遗韵等诸多武威胜景时，你独钟情于这座孤单单的皇娘娘台。因为你知道，在这片土地上，属于汉唐的风光定然不少，但皇娘娘台遗址的发现，表明武威的辉煌并非始于汉代，而早在4000年前就率先进入了青铜时代，是上古中国对外开放的前沿阵地。

这是一个历史的坐标点，它承载着华夏文明厚重的历史。

这是武威历史文化的史前标志，它展示着凉州四千年的历史。

十

怀着难言的心情告别皇娘娘台，你和考察团的成员们离开武威，继续踏上西行的征程。

一路上，考察团的专家学者和你在一起交流最多的便是那皇娘娘台。在那些真诚的学者的心中，你是武威文化的一个传播者，更应该是守护者。只有明了了那个遗址所在的重要性，人们，包括当地党委政府才会行动起来，采取应有的措施。

在途中的考察随笔中，易华写了那篇《救救皇娘娘台》的文章。易华建议，停止破坏皇娘娘台遗址，积极申报国家重点文物保护单位，建立皇娘娘台遗址公园。文章通过甘肃新闻网和中国考古网发布出去以后，迅速产生了强烈的反响。

一路上，易华教授倒像是一个做错了事的孩子一样。每逢和你在一起，便说起这件事。像是在鼓励，像是在道歉。你很能理解这些学者的赤子之心，他们对文化的钟爱胜于生命。尤其对于在玉研究、夏文化研究、齐家文化研究者的心里，皇娘娘台绝对是一个绕不过去、不可多得的历史信物。她的遗失或毁灭，无疑是文化的一大损失。

福兮祸所依。你同时相信，对于皇娘娘台的命运而言，这次的"玉帛之路暨齐家文化"考察活动也许是一个很好的缘起。

当流火七月的考察活动结束后，你在第一时间里带着那篇文章，和当地文广、文物部门的负责同志取得了联系。武威市文广局负责同志迅速意识到了皇娘娘台的重要性，并在第一时间里请示相关领导，责成相关部门拉开了皇娘娘台遗址的保护工作。

那是十月的一天，当地文化部门的一位负责同志告诉你，皇娘娘台遗址保护工作正在全面展开。

这是一个非常令人欣慰的喜讯！

翌日清晨，你迅速赶往皇娘娘台遗址。在那里，你见到了来自河南的探测考古队。他们受甘肃省文物局的委托，利用钻孔取土探测技术确定皇娘娘台的保护范围。

而那曾经包围、覆盖着皇娘娘台遗址的建筑垃圾也正在被来来往往的车辆运往他地，沉睡数千年的皇娘娘台遗址地表正在一块块地露出笑脸。

按照初步设计中的皇娘娘台遗址保护规划，这里将有一大片遗址保护区。不久的将来，这里将会建成皇娘娘台遗址公园。而那块崭新的标志碑也已矗立期间。

皇娘娘台遗址是齐家文化的重要遗存，是西北地区距今 4100 年至 3600 年的史前文化。以发现红铜、批量生产和使用玉礼器为突出特色。目前，国际考古学界已公认齐家文化是中国最早的青铜文化，是夏商时代西北地区最重要的青铜时代文化。"夏商周断代工程"研究表明，二

| 皇娘娘台遗址标志碑

头里文化比原来认可的年代晚了二百多年，表明二里头文化不可能是夏代早期或中期文化。"中华文明探源工程"开始将注意力转移到边疆地区。最新研究表明，齐家文化最可能是夏代早期或中期文化。

刘学堂说，"玉帛之路"行让我意识到，在甘肃的这片土地之下，埋藏着更多的历史文化遗存。通过专家的考察，将这些历史遗存发掘出来，使我们能提前做一些相关的规划、保护工作，这对我们的子孙后代来说具有重大的意义。

此举，将使武威历史文化内涵空前丰富，着色不少。

此举，将是武威文化之幸，华夏文明之幸。

不徘徊，点燃历史文化的薪火，走过古往今来的黄金节点，且将文明之光的火炬不断传承，映照未来……

之三：冰火黑河金张掖

挥别武威，下一个冰糖葫芦是张掖。

不由自主地，就想起一句话：金张掖，银武威。

将河西走廊放置在丹青史册中，这样的记载，这样的形容让祁连山下的儿女们都会感到无比的自豪。

金张掖，银武威，金银满仓是河西。张掖和武威，就像唇和齿，就像肝和胆。需要的是相濡以沫，惺惺相惜。

一

国博故里，多彩山丹。

悠悠"丝绸之路"上，张掖市山丹县无疑也是必经之地，是中原通往西域的重要驿站。这里不仅以20世纪40年代新西兰著名社会活动家路易·艾黎创办工合事业而名扬中外，而且以拥有众多的珍贵历史文化遗产和风光独特的自然景观闻名遐迩。这里，有被专家誉为"露天长城博物馆"的保存最完整的汉明长城，拥有国内最大室内泥胎贴金坐佛的大佛寺，拥有世界上最大的马场——山丹马场，拥有"不是黄山胜似黄山"的焉支山……

焉支风、长城魂、艾黎情、马场梦、佛山缘，构成了山丹文化的丰富内韵和无穷魅力。

山丹的命名与一座大山有关。走进河西走廊，它的西南是巍峨的祁连山，东北由东至西依次为龙首山、焉支山和合黎山。焉支山，就在山丹这片土地上，以她的自然之美和人文之美为山丹着色不少。

焉支山，一说为胭脂山。因山中生长着一种花草，其汁液酷似胭脂，山中妇女用来描眉涂唇而得名。

一说为阏氏山。古时，焉支山为匈奴所占。匈奴自诩为"天之所生"，是"天之子"，所以，他们把河西走廊南面的祁连大山喻为"天子之山"，而将焉支山喻为"天后之山"。单于的妻子称阏氏，所以人们叫这座大山为阏氏山。

一说为删丹山，亦说删丹岭。汉时在此设置删丹县，后来讹为山丹。境内有发源于祁连山麓的山丹河，当地专家认为就是《禹贡》中所说的弱水。

《穆天子传》中记载，穆天子西征愚知，地方首领始献良马。这愚知，就是焉支。据此，我们可以推测，山丹养马的历史最早可以追溯到西周时期，当时生活在这里的月氏人开始养马。那良马，很可能就是最早的山丹马。三国时期，吴国人康泰出访南夷时说："外国称天下有三众，中国为人众，秦为宝众，月氏为马众。"可见，月氏人在养马方面的声誉在当时已经蜚声海内外。

骠骑将军霍去病率兵西进，过焉支山，击败匈奴，夺得河西地区，打通了中原与西域交往的通道。自此，焉支山成为"胜利之山"而载入史册。一曲"失我焉支山，使我妇女无颜色……"，唱得悲壮，也唱出了品牌。汉武帝在此设置牧马苑，屯兵养马，这里遂成为汉王朝的皇家马场。随着"丝绸之路"的开通，波斯、大宛等国的马种进入河西，山丹又培育出了更为优良的军马——山丹汗血宝马。

隋大业五年，公元609年，隋炀帝西行御驾焉支山，这里成了世博会最早的发源地。在风景秀丽的焉支山下，隋炀帝召会27国使臣，举办"万国博览会"，甘州府、凉州府派出仕女歌舞队夹道迎候，竞相歌舞。

> 肃肃秋风起，悠悠行万里。
>
> 万里何所行，横漠筑长城。
>
> 岂合小子智，先圣之所营。
>
> 树兹万世策，安此亿兆生。
>
> 讵敢惮焦思，高枕于上京。
>
> 北河见武节，千里卷戎旌。
>
> 山川互出没，原野穷超忽。
>
> 撞金止行阵，鸣鼓兴士卒。
>
> 千乘万旗动，饮马长城窟。

秋昏塞外云，雾暗关山月。

缘严驿马上，乘空烽火发。

借问长城侯，单于入朝谒。

浊气静天山，晨光照高阙。

释兵仍振旅，要荒事万举。

饮至告言旋，功归清庙前。

萧萧秋风中，"混一南北，实高群下"的隋炀帝开始了不远万里、浩浩荡荡的西巡。久居京城者，难见西陲如此空旷之原野。走在那条远古而来的文明通道上，"山川互出没，原野穷超忽"。你看，那南面的祁连山、北面的焉支山在远天边一线延伸，群山交错，相互出没。远方横亘着的大漠边，先圣们筑起的长城如影相随，同样出没在荒漠之间。

如此江山如此人。行走在河西道上的一代帝王更有着压抑不住的自豪和自足，有着一洗颓风的魏武风骨。除却山川萦绕、莽原浩瀚的自然美景外，帝王诗人的眼前还幻化出军旅逶迤、金钲鼙鼓、马啸人欢、单于入朝的壮美史实。如此威武雄阔之出巡气象，离开了河西的山水，就像葡萄酒没有了单宁。

在你和伙伴们行走在"玉帛之路"河西道上的时候，是否也涌动过如此的心胸和情怀呢？

两侧青山相对出，无垠戈壁有通途。你瞧，从别离武威，穿过金川，驶入山丹界的那一刻起，那蜿蜒于 G30 高速公路东侧的汉明长城，断断续续，时隐时现，时不时地穿入人们的视野，撩拨起属于远古、属于西部的浓浓的沧桑感。

明代的俞明震在《宿凉州》一诗里写道："巍然古重镇，四郭如拥戴。风吹大月来，南山忽沉晦。莽莽天无垠，静与长城对。"在河西走廊上，奔驰着现代化交通工具的新亚欧大陆桥、甘新铁路，逶迤而去的长城，荒漠、青山，还有洒落其间的星星点点的历史古迹，时松时紧，时平时交，以一种独特的生命密码的方式有机而神秘地组合在一起，构成了大西部苍茫的独特风情线。沿着那高速公路前行，苍老的长城披着岁月的破棉袄，躬着腰，不言不语，兀立在那里。

山丹境内的长城东接永昌县，西止山丹县的东乐乡。这里有距今2000多年的汉长城。《史记·大宛列传》中记载到，"汉武帝元鼎六年，始筑令居以西，初置酒泉郡，以通西北国"。这个信息告诉人们，汉武帝时候，人们修筑起了从兰州黄河以西通往河西走廊的长城。汉朝初年，面对数度强盛的匈奴，一个个汉家女子、一堵堵边城高墙，便成为那个时代的卫国之道。骠骑将军的"河西之战"，"河西四郡"的建成巩固，在一定程度上改写了一个国家的国防。但是，为了防止北方游牧民族的入侵，大汉帝国还是在屯军移民的同时，大筑河西长城。2000多年的时间过去了，汉长城没有了当年的雄壮，但那些断壁残垣依然记忆着历史的过往。那厚厚的土层里，依然充满了连天响起的边角、将士的厮杀声，还有战马的鸣叫声。

这里更多的是距今400多年的明长城。随着大元帝国的结束，明王朝接收辽阳、陕西、甘肃后，十分重视边防线，开始建筑防御体系长城，前后持续二百余年。直到隆庆六年，廖逢节出任甘肃巡抚，再次开始整治长城，又自山丹卫教场起，至古城洼界碑止，修复边墙、崖柞、叠水、石梯、叠木诸类工程，长达50多公里。

今天，在这片静美的土地上，汉长城在北，明长城在南，两者相距10～80米之间，不离不弃，相互召唤着，向着远方延伸而去。专家说，像这样不同历史年代修筑而同时并行且至今留存较为完整的长城段，在国内实属罕见。

面对长城，有人认为这是"树兹万世策，安此亿兆生"的先圣之所营,有人认为这是闭关锁国的耻辱记忆。纵观河西境内的长城,它自东向西宛如一支铁臂护卫着这片神奇而古老的土地。在漫漫的大漠戈壁上,有的长城与烽燧断断续续地蜿蜒于平沙莽野之中,有的绵亘于绿洲村舍之间,有的像一条巨龙爬行于崇山峻岭之上,有的与现代化的交通路道穿行其间。独立荒野也罢,绿树掩映也罢,走近古长城,你会真切地看到那苍老的身影;靠近古长城,你会用心地聆听到驼铃的声响。

千百年来,古长城用它不屈的身姿捍卫着河西大地上一座座古城的尊严,保佑着河西子民的安全。这里曾飘拂过国使旌节,驰骋过英雄车骑,留下过僧侣梵音,停留过被阻遏的铁骑。它承受的也许是苦难和辛酸,但它带给人民的是和平与安宁,是绿洲的保护神。也许,因为种种原因,统治者把天下安绥、西北稳定的梦想托付给了一道土城破墙。这道既无关可据又无险可守的土龙长城,拉开了西北民族二元对垒的历史序幕,甚或阻挡了史学家们探索的目光,阻挡了长城内外人民的交流与向往。但在那个特定的时代里,作为一种合理的存在,它毕竟给当时的群众带来了和平、平安的寄托与希冀,在一定程度上作为军事防御设施和政权管理发挥了一定的作用。

这是异域归来的西凉雄狮吗?这是游走丝路的大漠灵驼么?同行的司机朋友开玩笑说,这是一列火车,承载着中西文明,凝固而奔驰千年。

民乐县明长城遗址:戈壁雄狮 |

　　伫立大漠戈壁，凝望长城遗址，畅想遥远岁月，我们是否可以这样说，没有古长城，也许没有今天的河西。是的，鲁迅先生说过，忘记过去，无以图将来。历史是一条川流不息的河流，没有古代文明，就没有现代文明。不珍视这些珍贵的历史遗产，我们就失却了开拓明天的巨人的"肩膀"。

　　古道悠悠，戈壁无垠，东来西往的人们，向着一段一段的汉明长城问好。你的思绪和汉明长城翩翩共舞。

二

　　隐隐南山，永远是河西行者不倦的背景。这是一座有故事的大山，只要他有着有温度的记忆。随便捡起这里的一个物什，就是在掀开着一段历史。

　　"丝路腰蜂"的张掖，同样是甘凉咽喉，是"锁控金川"的古道要隘。位于山丹县老军乡峡口村的硖口古城，就是河西走廊深处的一个关口。

　　许多的时候，我也在纳闷，这些人究竟是中了什么邪，硬是凭着一股子劲要去钻那历史的孔。史前文化也罢，远古文化也罢，就让它们悄悄地去沉睡着就是了。揭开了那些岁月的秘密有什么意义？其实你们也是深有体会的。有时候，知道了一个人的秘密其实是一件非常痛苦的事情。

　　可是你们总是笑笑而不语，你们总是会顶着烈日的曝晒，忍着辘辘的饥肠，以不变的笑容去问候那一道道山，问候那一条条水，去亲抚那千年前的古物，还要用心聆听他们的诉说，用心记叙描画那远古的时空地图。

　　你们的心中一定藏着一个伟大的秘密。而揭开这个秘密的答案，就是揭开你们所关注着的那些远古的秘密。

7月15日正午的阳光下，你们再次出现在这座硖口城址。虽然因为原野间的迷路已经耽误了许多的时间，虽然你们已经又饿又渴，但是你们依然非常真诚而恭敬地向着那座古城问好。

考察团成员考察山丹硖口古城

七月河西的天空高而阔，异常的清纯，高天上飘过缕缕云彩，天是典型的蓝，云是典型的白，不带一点点污染。就在这样的苍穹下，硖口古城清癯安详地坐落在那里。一条数千年前的古街道横亘东西，由西向东望去，乘势而上的斜坡和自然的弯曲巧夺天工般地展示出古街道应有的风姿，一点也不造作。地上，依然仿佛是数千年前风雨中留下的车辙清晰可见，泛着沧桑的光，同样没有一丝杂质和造作。刘学堂说，这是一条具有考古价值的废街。

街的西头，是一个古朴的城门，为砖石土混合建筑结构。看上去，坚固而厚实，巍峨亦壮观。走进城门，沿着当年骆驼队、马队走过的古街前

石硖古城的古道上，有多少玉和帛走过

行，宛如穿越在遥远的古代，身边走过的，是东来西往的商客、差人，分明还能够听到来自当年商埠重镇或者军事要驿上的嘈杂的声音。我相信，声音是有能量的，

穿越古城过街楼

建筑是有能量的。从古至今，它不会消失，只有运动和安静两种状态。

　　宽敞的街道两旁，是错落有致的土坯泥屋。行至中途，当地文化部门的同志带我们到一处破落的墙体处，那堵墙上用水泥抹出了一块记事栏，相当于现在的公示栏。透过上面隐约可辨的字迹，推测可能是公示募捐或者发放物资的内容。

　　古城中心有一过街楼。过街楼外三层内两层，四面出重檐歇山顶，土木结构，中间有双排的通天立柱，柱立于墩台，是城堡中心内标志建筑。

　　当地文化部门的同志介绍说，硖口古堡是中原通往西域的交通要

笔者与考察团成员
识辨古城"公开栏"

硖口古城墙壁
上的"公示栏"

聚焦古硖口

道,也是古"丝绸之路"的重要驿站。从汉代开始,在此屯兵设防。明清两代扩大防守,属山丹卫管辖范围,军事地位相当显要。古硖口还肩负着军粮供给、军信传递、通邮通商的职能,军需和商贸往来十分繁华。城中居民大多都是历代随军家眷,不事生产,全为军户,由官府按月供给粮饷,军户主要的工作就是在城中街道两旁开设饭馆客栈,为过往行人提供食宿。明、清两代,这城堡是一热闹的去处。明朝嘉庆年间,刑部给事(郎中)奉敕西巡,在石硖巨石上镌刻有"锁控金川"四个大字,反映了此处扼甘凉咽喉险要的地理位置。有"天现鹿羊"和当年匈奴人、羌族牧人用腰刀在石壁上雕刻的字迹和绘画,形态各异,栩栩如生。相传狄青、隋炀帝、杨满堂、王进宝都从这里经过,并且留下了美丽动人的传说故事,这里还有"石燕高飞""石硖封云""日勒翻影"等传奇故事,被誉为古代"山丹八景"之一。

今天,硖口古城堡东西长 400 多米,南北宽 300 米,呈长方形。现存的古烽火台有 10 余处,古营盘练兵场遗址尚能清晰可辨。汉明长城穿城而过,在这一带保存完整。

午后的时光是慵懒的。走在这里,你忽然感觉到了闲庭信步且看云卷云舒的况味。细细思量,原来这里静得出奇。考察团的成员们纷纷然走进古城,看似打破

硖口古城　古道遗风 |

| 笔者与硖口古城居民交流 | 摄影师徐万里作别古城的回望 | 守望硖口古城的老者 |

了古城的寂静，但迅即这里又恢复了平静。而考察团的成员们也在岁月的时空里融入了这种平静。是呵，在数千年的沧桑变化中，喧嚣而复归平静的又何止是今天的这样一次呢？硖口古城经历了太多的热闹，也品尝了太多的寂寞。反反复复中，古城便修炼成了一个淡定的使者。任你来来去去，我在这里安静地等待，等待着你来，等待着你去。

街上很少见到人来人往的样子，即使见到几位当地的居民，也是一幅漠然的神情。几位持着拐杖的老者坐在大门口，平静地看着人来人往。几位学者前往交谈，老者亦是平静地回答，没有激情，也没有颓废。低矮的院墙遮不住院内的荒凉，亦是一片沉寂。

你总是改变不了一个媒体记者的职业习惯。说好了的，这是一次文化考察活动，我们关注和要了解的是玉的故事，是关于玉的行走的故事。但是见到这里的乡亲，你总是想去聊聊天，搭搭话。一开口，总是离不了今天的民生。在和那位农村老妇人的交谈中，你知道了这里沧桑变化的真正原因，是自然环境的变化，是水资源的严重匮乏，使这里的许多人告别庄稼地和曾经的家园而远走他乡，也使一座曾经繁华的古城走向了寂寞。

告别老街，走出城门，那里孤独地立着一块石头，上面写着"古道遗风"，你在那里伫立了许久。

你在心里一次次地问，史前的时候，这里是怎样的一番情景？有没有一块玉，从这里走过？在这个古城的旁边，是哪条河流滋润养育了古城，又是哪条河流背弃了这座古城？当现实的水资源不能够满足它的子民正常的生产生活需求的时候，古道的遗风能给他们带来怎样的机遇和命运？

当地的相关资料上提到，由于古硖口地处河西走廊蜂腰地带，地势险峻，奇山异石众多，村落原始自然。加上长河落日、大漠烽烟这些奇景地貌特征和深厚的文化底蕴，硖口古城备受文化、考古人士的青睐和关注，《艾黎的故乡》《海市蜃楼》等一系列的影视剧都在这里拍摄完成。

在古城的西边，奇石矗立在茫茫原野上，仿佛是一座石城，又仿佛是千百年来石化的人们的雕塑群像。立在最前面的那块石上，赫然刻着"中国西部古城文化石刻书法长廊"，遒劲有力，古朴沧桑。

你在想，这也许是"一山一水一古城""宜居宜游金张掖"正在借力"古道遗风"而计划写在这里的一个新篇章吧。

作别之后的好长一段时日里，你一直相当遗憾或者懊恼于自己。因

| "玉"石临风写春秋

苍石静默话沧桑 |

为匆匆的行走，竟然没有走进那个石刻书法长廊，不知道那些苍凉的石上，究竟写着什么，诉说着什么。

三

说玉，离不开齐家文化。在河西走廊，除齐家文化外，还有一种文化叫四坝文化。

7月15日，伴随着河西七月炽热的阳光，"玉帛之路暨齐家文化考察团"走进了位于山丹县城西南大沙河东岸的四坝滩遗址。

四坝滩文化遗址分布在一条干涸的大沙河岸上，整个遗址面积约4万平方米，灰土层厚0.5米～2米。出土文物有石器、陶器、骨器等。石器多打制，有肩石斧、石刀、敲砸器，也有磨制的石斧和单孔石刀、石磨、石球、石坊等。陶器多为夹砂红陶，器形多为双耳罐、壶为主。并有单耳罐、杯和器盖，小型器物较多。器表多为素面，也有少量划纹、绳纹，彩陶不多，多深红色陶衣，烧制后再施以黑、红、褐色，附着于陶器表面，呈凸起状。纹饰为平行线和三角折线纹。1957年，被公布为省级文物保护单位。

四坝滩遗址，是陶、石器和铜器并存的青铜器时代文化遗迹。那个时代，冶铜水平已经达到一定的水平。不但冶炼青铜，而且还有砷铜。在随葬品中已有金器出现。经多项测定，早在3900—3400年左右的四坝先民，就已经用智慧的双手点燃了古代文明的星火。

作为河西走廊最重要的含有彩陶的青铜文化，四坝文化与马厂类型、齐家文化较为接近，说明与这些文化类型有过相互的渗透，而特殊的地理位置又注定四坝文化中有中亚文化的影子。四坝文化，应该是中原文化与西域文化的交汇点。

| 考察团成员走向张掖四坝滩考察四坝文化

站立四坝滩，西望，东眺，眼前出现的是史前的人们挈家以从、跋履险阻的场景。向着中原而去的人们，停下他们疲惫的脚步，放下他们沉沉的行囊，在这里搭

黄昏余晖照古今 |

起帐篷，准备起一日的晚餐和今夜的露宿。在他们的行囊里，也许有着来自昆仑的玉。在他们的工具或饰器里，也许拥有着一块两块或者更多用玉作成的东西。也许，他们正在完成着一次家族的迁徙。此时此刻，升起的袅袅炊烟映着落日黄昏，充满心中的是一片静谧或安详。因为在他们的眼中，前方的前面还是前方。

而向着西域而去的人们，或顶着史前的日头，或迎着黄昏的余晖，还在继续前行。因为，就在前面的不远处，那条大沙河，将给予他们生命的滋润。

就在这样的走走停停里，史前的文明滚动着、交融着、更新着、跌落着。他们不知道，几千年后的某一天，会有这样那样的人们，捡起岁月的残片，来破译他们没有留诸于史册的生生死死。

　　　　转身，已越数千年

　　　　夕阳抚摸着四坝的精魂

　　　　精魂导引着前行的历程

　　　　谁的晚点在品味着燕麦？

　　　　还是原生态……

| 艾黎曾在这里发现"四坝文化"

兴味盎然的你，走在黄昏的四坝滩上，放飞着对生灵万物的歌唱。

今天，这里异常的静美。四周，是茂盛的大麦田地，还有成片成片种植的燕麦。在夏日阳光的热情激荡下，大麦、燕麦们散发出青春的麦香，撩人心扉。远古与今天，就这样以绝美的姿态互望着，谁也在感知着谁，谁也在解读着谁。

当地志书上记载，1946年，伟大的国际主义战士、新西兰著名社会活动家路易·艾黎带领培黎工艺学校师生在这里开荒，突然发现了散落和掩埋其间的陶、铜、石、骨。1953年，著名考古学家安志敏走进这片土地，考察认为这是早于沙井文化的一种新文化，命名为四坝文化。

山丹的有名，与这位伟大的国际主义战士有关。四坝文化的发现，与他同样有缘。

路易·艾黎，是新西兰杰出的社会活动家、作家、诗人。1927年，艾黎开始了留居中国六十年之久的生活。在这其间，他在山丹生活工作了将近十年。艾黎与他的战友乔治·艾温·何克，在极其艰苦的条件下将陕西双石铺的培黎工艺学校迁至山丹，为新中国培养了一大批建设人才，同山丹人民结下了深情厚谊。1980年，艾黎将自己在华几十年收集的5000多件珍贵文物全部捐赠给了山丹。在艾黎的关怀和倡导下，还兴建了山丹培黎图书馆、山丹培黎学校、何克陵园。

在山丹县文化街 3 号,一座中西合璧式建筑群格外引人注目,那里就是山丹县博物馆和艾黎捐赠文物陈列馆。这里收藏有路易·艾黎捐赠的 5000 多件文物,包括新石器时代的陶器、石器、三代青铜器、清代瓷器以及小饰物和纪念性文物等,展出有艾黎工作生活用过的实物、著作、照片等,展出有山丹出土的马厂类型、四坝类型的各种文物。

走进山丹博物馆,你深深流连于那一方方甲骨文的印,还有匈奴的图腾,还有始见于齐家文化时期的铜镜。那里收藏有最早的货币贝币,还有古玉器、唐胡腾舞铜人。在一幅庞大细致的清政府地图中,学者们找到了文献中记载的生涩地名,受益匪浅。而你在艾黎奉献的大清万年一统地理全图上,找到了凉州老家,找到了你恋恋而难舍的谷水。

艾黎与他年仅三十的何克静静地睡在了丝路古道上,让我们记着这

| 山丹艾黎博物馆收藏的汉代玉圭

山丹艾黎博物馆收藏的玉璧 |

| 山丹艾黎博物馆收藏的玉琮

山丹艾黎博物馆收藏的玉枕 |

考察团在山丹　　　　　考察团在山丹　　　　　在大清一统地
艾黎博物馆参观　　　　艾黎博物馆参观　　　　图上，找到了谷水

位来自新西兰的国际友人，他向世人展示了他眼中的中国共产党的形象和力量。孙海芳在考察手记中写道，学者们被路易·艾黎博大的胸怀和精神境界所震撼。是的，前辈们无私趟出的道路，需要后继者。

四

说起山丹，可能更多的人是通过《牧马人》的电影记住了这里的山丹马场。这是一个不争的事实。考察团刚进山丹，率性真诚的易华先生就不由自主地提起能不能到山丹军马场去走走。

那里确实是一个美丽的所在。它是中国最美的六大生态草原之一。尤其是每年的六、七、八月间，对，就是像你们最近到来的这段时间，是这片草原最美丽的季节。奔走在那片草原上，南面是祁连山，白雪皑皑；北面是焉支山，苍翠巍峨。在一望无际的原野上，万顷油菜花金黄无际。而《文成公主》《王昭君》《和平年代》《麦积烟雨》《月圆凉州》等30多部影视片，让中国的观众记住了西部的山丹军马场这个名字。

但是，你应该理解，一个有使命的人会一直奔跑在属于自己的跑道上。因为"寻玉"的主题，我们必须学会割爱。一路上，易华先生总是与当地的人们提起山丹军马场，言语间皆是向往。

河西的天空下，明媚的夏日多了一份自由洒脱。太阳照在没有一颗树木的旷野上，热烈而不羁。晒就晒着吧，一如史前的人们走在史前的日头下，同样没有可以遮阳的阴凉。

就这样，作别国博故里的山丹，考察团的成员们走向祝福人民安乐的民乐，走向属于四坝文化的民乐县东灰山文化遗址。

东灰山遗址，坐落于民乐县六坝乡圆通塔东面、国道227线旁边的一片荒原上。这是一片由灰土与沙土堆积而成的沙土丘，当地的人们称之为"灰山子"。

顶着戈壁滩的烈日，踏访寻古，低头寻迹，漫步在东灰山遗址，岁月的残片随处可见。在南北走向的水渠切面上，厚达两米左右的文化灰层带，无声地显示着四坝人在这里生活的痕迹。

这样的一个村落，在数千年的光阴里悄然消失。这个部落走向了哪里？

这样的一个遗址，在数千年后的今天成为解密史前文化的"博物馆"。这里的先民怎样走过刀耕火种的岁月？

1958年9月，甘肃省博物馆开展文物普查时发现民乐县东西灰山遗址。

20世纪80年代，一批考古的人们先后来到这里，他们从这里发掘出了石器、陶片、炭化粮食及兽骨。这里出土的打制石器有石犁、石锄、石铲、石镰、石刀、石斧、石针，出土

探究东灰山文化层 |

的陶器陶罐胎薄体圆，饰有彩绘，古朴美观。他们用一种叫碳 14 测定的办法，采集陶、石、骨、炭土标本、炭化五谷及动物骨骼等标本进行测定。测定的结果很让东灰山扬眉吐气。这里承载起了上溯 5000 年左右的历史，这里有我国境内年代最早的小麦标本，出现了在国内是首次、在世界上也极其罕见的小麦、大麦、粟、稷、高粱等五种作物的炭化籽粒。

这些能说明什么？说明华夏大地是栽培小麦、大麦、高粱的原产地和重要起源地之一，从而一举打破了外国学者认为"中国小麦来自西亚，大麦和高粱来自非洲"的错误论断。说明至少在青铜器时代，我国已开始栽培小麦。有专家说，此举，改写了世界农业史。

东灰山遗址，从打制石器时代进化到陶器时代，充分说明东灰山先民一直在这里生活了一段极漫长的时期。勤劳智慧的四坝人一面狩猎、养畜、采集植物果实，一面从事种植，发展农业生产。后来，由于环境还是其他原因，他们离开了这里，远走他乡。

站在东灰山上，刘学堂想起了曾在这里考古的同班同学赵宾福。那个时候，他正在新疆发掘天山的哈密林雅墓地。刘学堂说，数千年前，东灰山上的四坝人和与他们有亲缘关系的天山林雅人遥相呼应，文化互补，演绎着河西走廊与天山古代居民相互迁徙、互补共生的传奇故事。

数千年后，他和他的同学分别在这样的两个地方共同从事考古发掘。

他想到了这样一句话，那就

| 民乐博物馆的种子和碾制工具：东灰山的荣耀

是东去的彩陶与西来的青铜之间的对话。

这样的对话,是一种文化的交流,是一种文明的进步。

站在东灰山上,安琪博士看到了骄阳下戈壁滩上星星点点的夹砂红陶片,看到了引人注目的闪蚬和环贝。

这些来自台湾地区或印度洋孟加拉湾的海贝怎么会出现在河西走廊？安琪说,海贝在欧亚大陆上的旅行,为世人留下了一道清晰可循的文化印迹。贝影寻踪。印度洋的海贝作为一种

东灰山前的沉思 |

货币,从中国南方的横断山走廊一路北上,来到黄河流域。东灰山遗址,只是它旅行途中的匆匆一站。

在那一天的行走日记里,你这样写道:"东灰山,东灰山厚厚的文化层,一川的陶石碎片,构成了温存的历史记忆。"你说,五谷源自何处?请到东灰山走走。今人与历史,如何和谐相处?阳光下的东灰山畔,金黄的向日葵、绿油油的玉米作物勃勃向上,祁连雪水穿滩而过,问候着昨天,哺育着今天。丝绸之路,玉帛之路,那条远古以来就踏出的文明通道,就这样绵绵而行。

你说,东灰山,不灰。

五

2013年的夏天,国务院正式公布位于民乐县东西灰山四坝文化为

全国重点文物保护单位。6 月 23 日，甘肃四坝文化暨民乐县东西灰山遗址研究座谈会在金城兰州召开。甘肃省文物考古研究所研究员郎树德说，这里是最早使用青铜器的地方。通过考证，东西方交流早在 4000 年前就已开始。

四坝文化，是青铜器时代早期的一种文化，形成于中原地区的夏代纪年内。因最早发现于张掖市山丹县的四坝滩而命名。截至目前又相继发现山羊堡滩、东灰山、西灰山、壕北滩、过会台等四坝类型文化遗址。向西，四坝类型文化遗址在酒泉、玉门也有发现。

有谁愿意如此在烈日旷野下旅行？文化的脚步不会停止。但是，寻找又是一件多么无奈而美丽的事情。要么仰望，要么敬畏，都需要不断地前行。在烈日下，你和考察团的成员们顶着从史前照耀到今天的毒日头徒步前行，前往西灰山。

民乐县西灰山遗址，坐落在民乐县六坝乡西北约十公里处。东灰山、西灰山，遥遥相望。东、西是方向，灰山则是由灰土与沙土堆积而成的沙土丘。这沙土丘不是自然堆积，而是由人类各种活动的杂质堆成。这里出土的石器陶器和炭化粮粒基本相同。东西灰山，就像今天一个村落里的东庄子、西庄子，或者上洼子、下洼子一样，虽然东西相隔，但他们也许是一个部落的两支队伍，也许是一个家族的两个兄弟，村落般地安家居住，共享同一轮明月，共饮同一条河流。

四坝文化的一大特点是金属器物的大量使用，同时还是河西走廊最重要的一支含有大量彩陶的青铜文化。走进西灰山遗址，考察团的成员们同样保持着不变的低头寻找的行进式。一块陶片、一个石子、一块金属、一层沙砾，都能引起专家学者们高度的关注，生发浓厚的兴趣。在遍地的红陶残片中，叶舒宪先生发现了几片马厂文化的陶片。专家说，静静地听，你会听到那叶陶片的呢哝。她在告诉过往的人，马厂文化曾经从这里走过，并且有继承，有发展。

正是河西入夏以来最高气温的时候。茫茫戈壁上空，那轮炙热的火球一直追逐着考察团的身影。苍穹下，没有一棵树，没有一个动物的影子，只有那些在烈日下曝晒的草们。你流着汗走着，低着头看着那些草。你的心里顿生一种苍凉。你在想，许多人都在追问活着的意义、生命的价值。这些不知名的草们去追问谁呢？他们与风有过海誓山盟，在风的带领下，奔跑、落地、生根，然后彼此许诺，说好了相依相伴漂泊一生。可是，风走了，草哭了。落地便结成了宿命。草们想，宿命便宿命吧，关键还要成长。走在考古的路上，你又想，那风，也许就是历史年轮上一次一次迁徙或运动的原因吧。而那草，也许就像我们的先民，曾经在这些大地上生过死过的人们。

草荣草枯草依在，人兴人衰人已非。垂与不朽，真的是一种宿命。

发掘于西灰山的那些砷铜制品泄露了秘密。几千年前，这里也许和西亚、南欧、北非有过某一种形式的联系、交流，或者沟通。

而那些彩陶，那些彩陶的器型与彩绘图案，也将以文化交流的物证告诉人们，这里和齐家文化接近。

在时光的大川里，在河西走廊的大川里，民族融合成为几千年里最为精彩的演出。可以毋庸置疑地认为，这里至少在4300多年前就有丰富发达的史前文化，而中西文化交流早在4000年前就已拉开大幕。这一切，拷问着中西文化交流始于"丝绸之路"一说。

从打制石器时代进化到陶器时代，东、西灰山的先民在这里生活了一辈又一辈。灰山人，创造了古张掖的史前文明。四坝文化，与齐家文化存在着千丝万缕的联系。他们就像"玉石之路"那样，一站一站薪火传递。没有四坝文化的存在，就没有"玉石之路"的绵延流长。

在西灰山遗址的北侧，高铁打破了这里的宁静，现代革命催生的工业园区在这里崛起。再过数千年，谁又能知道，这里将会再出现怎样的文化遗址呢？

今与古，将在这里实现美丽的相逢。

六

西部多佛缘。张掖，同样是一座与佛有缘的城市。

走进张掖，走进民乐县扁都口，你想起了那个叫法显的和尚。

有着"丝路锁钥，交通要隘"之誉的扁都口，不仅以万亩油菜花海闻名陇上，也是一处融关隘文化、自然风光、田园牧歌、休闲度假为一体的高原生态旅游区。昔日，东晋法显和尚西行求法、西汉张骞出使西域、霍去病出兵河西、隋炀帝西巡召开万国会议、王震将军兵出扁都口解放河西都曾经从这里走过。在自古至今的甘青要道上，他们铸就了辉煌，留在了丹青史册上。这里，还有甘肃最大的尼姑庵圣天寺，在童子坝河水流经的扁都峡口有一座石佛寺。

从这里走过的法显，是中国经"丝绸之路"陆路到达印度，并由海上"丝绸之路"回国而留下记载的第一位大师，是杰出的旅行家。他西行寻到的戒律《摩诃僧祇律》为佛教在中国的发展起到了十分重要的作用。东晋安帝隆安三年的时候，65 岁高龄的法显发下宏愿，从长安出

| 扁都口上，古往今来发生过多少故事

扁都口石佛寺 |

发，经过河西走廊的荒漠戈壁，向着印度河流域走去。历时 15 年后，法显从海上回到了自己的故乡。他根据自己远赴印度的旅行经过撰写的《法显传》，对所经中亚、印度、南洋约 30 国的地理、交通、宗教、文化、物产、风俗乃至社会、经济等状况进行了著述，是中国和印度间陆、海交通的最早记述，是中国古代关于中亚、印度、南洋的第一部完整的旅行记，在中国和南亚地理学史和航海史上占有重要地位。

当你穿越过扁都口的时候，一直惊奇于大自然的鬼斧神工。蓝天、白云，青山、绿水，还有万顷油菜，大自然的调色师在这里绘出了一幅杰作。听着淙淙的流水声，看着"一夫当关，万夫莫开"的峡口，你的脑海里依次闪现出独行者、骆驼队、战马夺关、"漕运"漂流的一幅幅情景。

睡佛非佛睡，只是我未醒。张掖的王牌景点应该是西夏皇家寺院张掖大佛寺。那一日的清晨，"玉帛之路"考察团的成员走进了大佛寺。

但是，请你相信，他们不是游山玩水穿景区的游客、看客。在他们的眼里，大佛寺以不同的角度留记着不同的信息，展示着不同的风采。

大佛寺始建于西夏永安元年，原名迦叶如来寺，史载西夏国师嵬咩在这里挖掘出一尊翠瓦覆盖的卧佛而发愿初建大佛寺。寺内安放有亚洲最大的室内卧佛，珍藏有世所罕见的明代手书金经，馆藏有 31 具彩绘泥塑西夏遗物，还有全国仅见的西夏少数民族宗教殿堂。1966 年，人们在卧佛腹内发现石碑、铜佛、铜镜、铜壶、佛经等。还有一块铅牌，记载了明成化年间在河西发生的一次地震。1977 年，在大佛寺附属建筑金塔殿下出土的五枚波斯银币，成为古代中外贸易往来的见证。

走进这里，易华看到了大夏，孙海芳流连于手书金经，刘学堂关注着宗教殿堂，而叶舒宪想起了"碧玉卧佛"的典故。他说，西夏国师发现卧佛像，有乾隆十二年重修卧佛殿碑记中的"碧玉卧佛"四字记载。

可知玉佛像在千年以前已神秘发现，而三尊卧佛像献给西夏国王乾顺则成为西夏统治者钦定此处建造最大卧佛寺的根本原因。

叶舒宪一直思考着的是玉的课题。他说，佛像为什么要用玉来制作？这里涉及佛教征服中国之前的本土信仰之根的问题。天上至高主神名为玉皇大帝，这是史前玉教即玉石神话信仰为原初国教的后代表现。民乐县博物馆藏明代水陆画"玉皇大帝"，是本土想象的天界至尊的人格化偶像，而昆仑玉山瑶池西王母，则是玉石信仰的女性人格化偶像。外来的佛教神圣与本土原有的玉教神圣相结合，就是玉佛玉观音出现的主因。

国宝，珍宝，瑰宝，这就是甘州大佛寺。

7月17日，"玉帛之路"考察团一行在瞻仰了甘州大佛寺后，驱车到达黑水国史前遗址。在那里，甘肃文物考古研究所的陈国科带着来自北京、兰州的学生们正在如火的地表一层一层清理堆积层，挖掘考古黑水国。

黑水国位于张掖城西10公里处，发源于祁连山的黑河静静流过。黑水国，因黑河而得名。相关资料记载，这里是张掖郡古城。《甘肃府志》称"其地在唐为巩肇驿，原为西城驿"。当地民众称之为"老甘州"或"黑水国"。

黑水国遗址是黑河流域中游发现的一处年代较早的铜冶炼遗址。发掘考古以来，人们在

｜ 考察黑水国考古工作

这里发现了房址、灰坑、灶、窑、沟、独立墙体、墓葬等遗迹，获取到陶器、石器、玉器、玉料、骨器、骨料、铜器以及大量冶炼遗物和炭化作物等千余件（组）。这里发现的地面式土坯建筑在河西地区尚属首次。土坯建筑的发现，为进一步揭示黑水河中游地区马厂类型晚期至四坝文化早期的居址形态及形成、发展过程提供了实物资料。考古学者们还发现，这里的部分房屋墙体下沿墙走向铺设有石块或石器，还有牛距骨、羊距骨、肋骨、下颌骨、肢骨等兽骨和陶片等，这些铺垫遗物很可能具有特殊的宗教意义。而小麦和土坯建筑的发现再次证明，河西走廊地区至少在距今4000年前就已与西方地区发生了频繁的接触。

通过几年的发掘，专家们初步认定黑水国遗址由马厂文化晚期遗存——"过渡类型"时期遗存——四坝文化早段遗存三期较为完整的具有叠压关系的文化序列，它为进一步开展四坝文化、马厂文化、齐家文化、沙井文化及其相互之间的关系研究提供了翔实的资料和确凿的地层证据。

专家们还在这里发现了早期冶金点，为恢复马厂晚期至四坝时期炼铜技术的面貌，揭示其工艺特点和技术水平，认定其产品特征、数量，探索矿料来源、产品去向等奠定了基础。为中国早期冶金技术研究提供了新资料。关于这一点，你再次想起了"金张掖"的概念。这样的称谓，与这里的考古发现是否存在着一定的渊源而不是巧合呢？

走上"玉帛之路"，叶舒宪一直在考虑着"金张掖""玉张掖"的说法。他曾撰文指出，就中华文明形成期的文化基因而言，被比喻为黄金的张掖地区，本来是由西域东渐的崇拜黄金的文化与由中原西渐的崇拜美玉的文化最初相交汇的关键地带。这一史前的文化大交汇完成了东亚8000年玉石崇拜本土传统与4000年金属崇拜外来传统的价值融合，其结果是确立华夏文明核心价值：从美玉独尊的史前玉教神话，到金玉并重和金玉并称。

叶舒宪认为，能够代表黄金文化东渐的最早证据是四坝文化。从张掖以东的民乐县东灰山遗址出土黄金鼻环，到张掖以西的玉门市火烧沟遗址出土黄金耳环、瓜州县出土的史前黄金耳环，已经可以大致证明中国最早的黄金文化分布带就在新疆到河西走廊之间。在四坝文化遗址中出土的装饰品以外的玉器，目前仅见到一件保存于民乐县博物馆玉凿，而金器数量则明显早于和多于所有的中国史前文化遗址。"金张掖"的传统说法中包含着怎样的史前文化基因，已经不言自明。

叶舒宪依然关注着玉的问题。陈国科介绍说，虽然没有看到玉料加工的实物，但是在挖掘中发现了绿松石、玛瑙、水晶、蚌壳以及玉器、玉料等，为研究河西地区早期文化交流、治玉工艺、玉料来源提供了难得的实物资料，也再次印证了河西走廊作为交通要道，促进和激发的文化交流。

无疑，作为神性象征的玉料，此地是重要的一处传递站。

黑水国有南城、北城和西城。顶着盛夏的毒日头，陈国科和他的队员们考古挖掘着西城。在这里，他们尚未发现四坝文化的遗存。陈国科，一件汗衫，一条短裤，一双磨得毛了边的布鞋，与他们的研究课题形成了强烈的对比。可敬可叹，再次引发了你对现代人价值追求的叩问。我觉得这是你此行更大的收获。这样的行走，是一种灵魂的洗礼。而学者相见，分外亲切；偶遇前贤，面露惊喜。将别时，考察团的专家们将车上的矿泉水送给了烈日下辛苦的一线考古人员。送去的，不仅是清凉，更是希望、信心和精神。

七

一路向西，一山相送一山迎。1000多公里的河西通道上，祁连山以如椽大笔挥毫狂草，纵横河西。

一路走去，你以虔诚、兴奋的心情拜谒着祁连山、焉支山、龙首山、合黎山、青山子、大头山、赤金山……

"失我祁连山，令我六畜不蕃息；失我焉支山，令我妇女无颜色。"绵绵数千年的"玉帛之路"上，最难以忘却的莫过于祁连山、焉支山。

这是河西的屏障。在青山的脉与脉的跳跃聚散中，峡口形成了天然的锁钥，东来西往的商旅僧士披星戴月踏出了一条通道。人，或者说村寨，就像一枚一枚的棋子布在了大地的棋盘上，或者像一颗一颗的星星布在了无尽的苍穹上。

隋炀帝在《饮马长城窟行》里这样写道："肃肃秋风起，悠悠行万里。"这位一洗颓风、力标本素的隋朝天子走进河西召开万国博览会的时候应该是秋天罢。河西给他留下记忆最深的是"万里何所行，横漠筑长城"，而映入他眼帘里久久挥之不去的是"山川互出没，原野穷超忽"的粗犷之美。那互没的山川，就是祁连山，就是焉支山。

生活教会了人们怎样生活。沿着这一座座山，知名的、不知名的人们，来了，走了，停停，走走。像隋炀帝一样，周天子、大禹、张骞、霍去病、玄奘、法显、鸠摩罗什，还有历代诸多的文人士子，走过河西，丹青史册上就留下了他们在这里的足迹。更多的人群，靠着他们生前死后的场地，留下了遗址。祁连山、焉支山，因此而载入史册。后人，也借此通过不同的方式，努力窥探着昨天的变迁和印记。

"玉帛之路"考察，让你认识了另一座全新的山——合黎山。

7月17日下午，考察团在张掖市高台县文化工作者的带领下，前往距离县城约六十公里的张掖地埂坡汉墓考察。

考察团乘坐的交通车来自都市，它们很少有这样的机缘能够来到乡间沃野、茫茫戈壁。在需要横刀立马的荒野里，它们稍有颠簸，便胆怯地停下了前行的步伐。考察团只好换乘车辆，继续前行。

| 考察团走向合黎山口

在那里，你们远眺到了合黎山，远眺到了向北流去的黑河——弱水。

《尚书·禹贡》开篇第一句写道："道弱水至于合黎，余波入于流沙。"这大约是关于河西合黎山较早的记载。

老早的时候，就知道了黎民百姓。多年之前，就听老人们说过人就是典型的黑头虫。走近合黎山，才真正理解了这个意思。相关的文献中这样记载道，合黎山之"黎"者，黑也，黑发人也。在那个时候，人和动物都叫虫，人叫黑头虫。以后的九黎、天下黎民等等，均出自合黎山的"黎"字。

那么，这里合的是哪些"黎"呢？相关文献记载道，燧人弇兹氏在合黎山合婚，始有燧人弇兹合雄氏。他们合婚的地方就叫合黎山。

多年之后，多年之后的多年之后，随着气候的变化和地壳的运行，合黎人带着燧人氏的风姓开始了生命的大迁徙。他们沿着山走，沿着水走，走出了一个泱泱族群。燧人氏、弇兹氏、三柯氏、华胥氏、雷泽氏、盘古氏、大黎、少黎、青鸟……便在史前史后的陇原大地上繁衍生息，共同丰富着华夏文明的天空。

如果这样的叙事能够由诗意的浪漫变成可考可证的现实，华夏文明的源头和沃土便会别样的绮丽。

八

想起这些山，不能不想起一些河。甘肃河西的三大内陆河，他们的名字是石羊河、黑河、疏勒河。在古代，她们分别叫谷水、弱水和冥水。而与这些河流相连着的，是史前文明史上一个光芒万丈的名字——大禹。

禹，相传生于羌，也就是今天甘肃、青海一带。后来，他随父迁徙于崇，今天河南登封附近。尧的时代，他被封为夏伯，所以后世又称之为夏禹或伯。是中国第一个王朝——夏朝的建立者，同时也是奴隶社会的创建者。

"天地玄黄，宇宙洪荒。"洪荒时代就是原始时代。那时代没有文字记录。相传在距今约 4600 年前的尧舜时代，正值冰河时代后期，气候转暖，积雪消融。洪水横流，泛滥于天下。

时势造英雄。在这样的历史背景下，禹之湮洪水、决江河而通四夷九州。当舜帝问起禹在做什么的时候，禹曰："洪水滔天，浩浩怀山襄陵，下民昏垫。予乘四载，随山刊木暨益奏庶鲜食。予决九川距四海，浚畎浍距川。"

禹对舜帝说："大水与天相接，浩浩荡荡包围了大山，淹没了山丘，民众被大水吞没。我乘坐着四种交通工具，顺着山路砍削树木作路标，和伯益一起把刚猎获的鸟兽送给民众。我疏通了九州的河流，使大水流进四海，还疏通了田间小沟，使田里的水都流进大河。"

在河西，那时的雍州，大禹开挖合黎山的峡口，让弱水、黑水直接流进了"流沙"，使洪水横流的地方变成了沃野绿洲。

《史记》中继续记载，大禹治理了弱水，"终南、敦物至于鸟鼠。原隰底绩，至于都野。""谷水北流，至于潴野。"都野，就是史书上记载的潴野泽。石羊河，同样留记着大禹的足迹。

相逢"玉帛之路"上，中国社会科学研究院的易华研究员在浏览你赠送的《谷水之恋》后，为你留下了"西夏原来是大夏，谷水本是石洋河"的题词。你老觉得先生写错了"石羊河"的"羊"。直到在寻梦"玉帛之路"结束后的史书阅读中，你终于发现了自我的浅陋。

先生没有写错。史书上记载，在遥远的史前时期，发源于古昆仑山上的五色水养育了山下世世代代生活的子民，这五色水的名字分别叫黄河、黑水、赤水、洋水和青水。这洋水，就是所谓的石洋河，就是后来的石羊河，或者叫谷水。

中华文明同江河一道源于西北高原顺流而下，大夏在哪里？大禹在哪里？

由于禹在治水中的功绩，提高了部落联盟首领的威信和权力。传说禹年老的时候，曾经到东方视察，并且在会稽山召集许多部落的首领。去朝见禹的人手里都拿着玉帛，仪式十分隆重。有一个叫做防风氏的部落首领，没有到会。禹认为怠慢了他的命令，把防风氏斩了。这说明，那时候的禹已经从部落联盟首领变成名副其实的国王了。当氏族公社时期的部落联盟的选举制度正式被废除，变为王位世袭的制度。我国历史上第一个奴隶制王朝——夏朝出现了。

蓬莱去无路，弱水三万里。远古的弱水，是一个汪洋泽野。今天，这里是戈壁、荒漠和漫漫黄沙下神秘的城堡似的遗迹。逶迤在沙脊上前行，考察团宛如一个西行的驼队。在他们的前方，是沉浸在夕阳下的美丽的烽火台。

在这里，高台县博物馆的寇克红馆长讲了一个凄美的故事。几年前，一对青年男女在合黎山下的烽火台支撑了七天七夜，走向了极乐。人们都猜测着这对青年男女选择的初衷，犹如许多的人猜想乞力马扎罗雪山之巅的那只豹子一样。作家冯玉雷写下了《远眺的诱惑》。

而在周穆王十三年三月，在距大禹治水

引发无数怀想的地埂坡烽燧

1000多年后的春日，周穆王乘八骏之乘，进入"焉居、禺知之平"，西巡来到了合黎山。焉居即义渠，居于今武威一带，禺知即月氏，居于今张掖一带。十一日，穆王到达阳纡之山河伯无夷的都城，约在今高台县境。在河伯无夷的陪同下，继续向合黎山进发。中途受到另一大首领河宗柏夭的迎接，柏夭向穆王敬献束帛与璧玉。十六日这天，穆王在众人的陪同下，专程前往合黎山，瞻仰大禹遗迹。二十一日，周天子在这里冠冕、拔带、缙笏、夹佩、奉璧，举行了神圣的祭河大典。并在这里展出了金、银、珠、玉等各种宝器，给他的臣民赏赐了宝贵的玉帛和骏马。

今天的人们站在这里，唯一能做的便是远眺，和在远眺中的精神上的守望。

一座山，一条河，一条路。这些山峦河川与玉帛之间有着怎样的联系？哪些山峦是玉的母体？哪些河川又是载玉的船只？那些玉们在山峦河川的哪个角落里等待着宿命中的缘分？

玉在山里修炼，玉在川里磨砺，玉在河里旅行。玉在静静地守望，人们在前行中守望。

之四：山水迢递度玉门

> 黄河远上白云间，
>
> 一片孤城万仞山。
>
> 羌笛何须怨杨柳，
>
> 春风不度玉门关。

千古绝唱《凉州词》，销尽词人鬓上霜。

这是一首耳熟能详的古诗。在没有走进河西的日子里，你也许只能从字面上去理解这首"唐音"的大气辉煌：遥望西陲，汹涌澎湃、波浪滔滔的黄河像一条丝带迤逦向西，飞上云端。在那水天相接、山天相连的地方，一座雄伟的城市隐约可见。

在这个夏天入伏的第一日，2014 年 7 月 18 日，你和"玉帛之路"考察团的专家学者们作别张掖，继续西行，走进了酒泉，走进了千年诗词里浸泡着的玉门。悠悠白云在天际，万仞高山在眼前。可是，黄河在哪里？孤城又是哪座？

一缕属于千年的怅然掠过心头。但是你知道，愈往西行，玉的脚步和声音将会愈发清晰。你执着地等待着那一刻的惊喜。

季节虽然不是春天，也没有声声羌笛，只有远古的陶埙在这里飘荡。但是你相信，在遥远的从前，羌笛悠悠，乡思正浓。走在河西古道上的行者，滞留在河西古道旁的人们，他们忘不了昨天离家时亲人折柳送别的情景。陇头水歌也好，八声甘州也好，还是那凉州词也好，河西的商音永远隐没在宫、角、徵、羽之中，悲壮总是以悲伤为底色，快感永远以痛感为表象。

屹立在汉唐春风中的玉门关，就这样在酒泉的原野上，走过春夏秋冬。在这个美丽的夏季，迎来了你和我。

一

凉州民歌《王哥放羊》里唱道，正月大来二月小，我和王哥闹元宵。你闹元宵我不爱，一心心想走西口外。西口外儿银钱多，挣上了银钱把婆姨说。王哥出了那嘉峪关，回头一望泪汪汪……

你忘不了八年前站在嘉峪关城楼上的所见。浪漫的嘉峪关人在城外的原野上建成了朴拙的别离亭。行行复行行，长亭接短亭。

路过嘉峪关前往玉门的那天清晨，一直以来的高温天气退却了惯有的淫威，河西的天空里开始飘起了雨。"玉帛之路"行因雨又多了一份温润，清凉。当然，也就有了诗一样淡淡的忧伤。

一瞬间里，大家都感受到了河西的寒意。"晨穿皮袄午穿纱，抱着火炉啃西瓜。"河西的气候通常是这样的一种状态，伙伴们都穿上了长袖的衣服。你说，关外风紧，请穿上梦的衣裳。

清泉石上流。在玉门市，有一个叫清泉的乡。你很欣赏这个诗意的地名，感觉很有些文化内涵。在清泉乡，甘肃六大古文化遗址之一的火烧沟文化遗址在朦胧的雨里，等待着你们的到来。

火烧沟，是玉门市清泉乡一个古老的地名。因为这里沟壑纵横，山峦起伏，而山沟山峁又多呈火红色，起伏的群山就像燃烧的火焰一般，所以人们就送给了它一个非常悦耳、富有动感且十分吉祥的名字——火烧沟。

1976 年，玉门市清泉公社计划在公社以东的一片土地上修建公社中学。工程刚刚开始，人们便在距地表不深的地方挖出了一些石器、陶罐和铜制品。几经周折后，甘肃省文物考古队开始了火烧沟遗址的发掘。

火烧沟遗址位于玉门市清泉乡境内 312 国道边，考古工作者在 20

平方公里的范围内先后挖掘发现了 312 座古墓葬。那些墓葬，神奇地呈现为上中下三层。经过清理和推断测定，处在上面的一层，主要是魏晋墓和汉墓；中间的那一层，多是汉墓；而最下面的，是新石器时代后期的墓葬，它在地下沉睡了 3700 年左右的时间。在这些大约与夏代同时的墓葬里，出土了大量珍贵的陶器、铜器、玉器、骨器和部分金银器。专家们认为，沉睡在地底下的这一文化层是火烧沟文化最珍贵的部分，它们基本属于齐家文化类型，但有些方面又有自己独特的表现。专家们便为之另立门户，名之为"火烧沟文化"。

这是新中国成立以来甘肃文化史上的一件大事。

火烧沟遗址的墓葬，大多是竖井带台的侧穴墓，墓坑大多为东西方向，尸骨头东脚西。专家说，这显然体现了少数民族的一种葬俗。

佩戴金银首饰并用其作陪葬品，是火烧沟遗址的一大特点。在许多墓坑中，死者不论是男是女，大多都佩戴着金耳环、松绿石珠、玛瑙珠等。有一部分墓葬，无论男女，都在头部有一枚骨针，好像属于古人椎发类的工具。他们鼻饮环，发椎结，耳垂金银铜宝，显然是少数民族的生活习俗。

联系我国古代典籍中有关夏商时代甘青地区的活动记载，专家们肯定，在中原地区的夏代末期，在西北地区的火烧沟生活的，一定是古代羌戎部落的一支。

在这里，出土了大量的锄、刀、斧、镰、锤和磨盘等农具，有石器具，有铜器具，可见当时的农业生产工具已有较大进步。在许多的陶器和棺木中，还贮存着粟粒和植物种子，说明那时的火烧沟已经有了较为发达的原始种植业。还有大量的羊头、羊骨、猪骨、牛骨、马骨和狗骨的发现，其中第 277 号墓用羊多达 44 头，这无疑在显示着当地曾经有过相当发达的畜牧业。

地若不爱酒，地应无酒泉。在火烧沟文化遗址，还出土了制作精美的彩陶方杯、人形陶罐等酒器。这说明当时已经出现了酿酒业，说明农业已经相当的发达。

在这里，专家们还发掘出了斧、镰、镢、凿、刀、匕首、矛镞、钏管、锤、镜形的200多件铜器，成为甘肃早期发现铜器、且出土数量最多的一处古遗址。还有资料说，这里出土的铜器超过了全国各夏代遗址出土铜器的总和。而中国最早的铜箭镞石模、最早的铜矛、最早的铜锛在这里出土，无疑说明在曾经由西而东的"青铜之路"上，这里确曾存在过一个较之周围部落更为高级的文明。还有专家认为，这里出土的青铜或许是本土文明。

还有最为突出的陶器呢。它们制作精细，造型别致，堪称珍品。人型彩陶罐、人足彩陶罐、鱼形陶陨、鹰嘴壶、三狗方鼎等已被定为国家一级文物。这里的陶罐样式多达98种，有粗红陶、夹砂红陶、粗灰陶、褐色素面陶和彩陶等，具有极高的研究和观赏价值。

有一个叫麻德兴的收藏家，收藏有陶、瓷、玉、贝、铜器等来自火烧沟和他地的诸多文物，在玉门市区开了一家火烧沟文物收藏馆。且不论藏品的真实性，单那些彩陶上的蜥蜴纹、手掌纹、山水纹，就引起了考察团浓厚的兴趣。火烧沟出土的陶器上有不少蜥蜴的图案，有专家曾

| 考察团成员考察火烧沟出土文物　　　　蜥蜴纹引起了考察团成员的浓厚兴趣 |

推测，这或许与中华民族的龙图腾有关联，因为蜥蜴算是与龙较为接近的动物了。如果这样的推测成立，那就更进一步说明了火烧沟文化高度的精神文明状态。

在这众多的陶器中，最为叫绝的是，火烧沟遗址出土了20多个彩绘陶埙。那些埙，体呈鱼形，交叉的双条黑线修饰表面，装饰简约，形体美观。张开的鱼嘴是吹孔，埙体上有3个音孔，能吹宫、角、徵、羽4个骨干音，有的埙还能吹出清角，说明当时至少已经有了以宫、羽为主的四音阶调式。

当然，这里还出土有一些产自沿海一带的海贝，还有玉凿。那玉凿玉质上乘，有学者认为应该属于和田白玉。这些文物同样在补证着火烧沟曾经有过较为繁荣的商业贸易。

在同一区域出现众多墓葬，说明这里曾经有一个很大的部落曾经生活过。在同一个墓葬群里出现石陶铜器共存的现象，证明那时的农业、畜牧业、手工业和商业已经相当发达。火烧沟文化遗址不容置疑地陈述着这样一个事实：中国古代文明不仅仅在中原大地上产生。由于东西文化的交汇和融合，在世人视之为边陲的西部也已创造了令人惊叹的古代文化，孕育并形成了自己独特的文明。它们，都是华夏文明不可缺少的重要组成部分。

二

人类思维有个最大的好处，便是能够将那些无生命的概念活化起来，并安置在不同的心田里，让他们长成不同的镜像和故事。如果你有足够美好的想象力，一个属于你思维空间的火烧沟就会呈现在你的面前，而那些向你心里走来的火浇沟人便会告诉你许多无言的秘密。

不管他们的存在是否客观真实，但在你的心里，已经完成了一次属于远古人类生命的涅槃——

　　远古之时，或者确切地说早在 3700 多年前，在西部一个叫玉门火烧沟的地方，白杨河、骟马河里流水淙淙，水草丰茂，鱼翔浅底。在附近的高台上，鼻饮环、发椎结、耳垂金银铜宝的人们悠闲地生活着，他们有的在地里耕田劳作，有的在草地上放牧牛羊，有的在河畔静静捕鱼，还有的用一种陶器做成的器皿，品着一种叫酒的文化。他们，就是被中原华夏部落称为西方牧羊人的羌氏部落。他们在半裸露半地穴式的窝棚里出出进进，迎接着日出日落。在那片天高云淡的土地上空，一直飘荡着一种单调而不失悠扬的音乐，那是他们自制的陶埙发出的声音。有的人想象，那是情人间吐露相恋的暗号，是离人间远报平安的信号。总之，很有艺术或文化品位的火烧沟人伴随着埙声而生，伴随着埙声而死。

　　孙海芳说，玉门火烧沟遗址出土的陶埙，又一次感受到了古代音律的悠久。她从悠悠埙声中想起了君子的琅琅玉声，很好的通感。

　　请走出想象的空间。想象总是很美好，而现实总是很骨感。走进于 2006 年被列为全国重点文物保护单位的火烧沟遗址时，远处，山体赭红。身畔，高铁高速遥遥而去。天空里，正飘着沥沥的雨。没有绿洲，没有清泉，听不到埙声，只有伴着寒意的缕缕风声。在缥缈的风雨里，火烧沟显得异常安静。曾经为清泉中学而今被改建为火烧沟陈列馆或管理处的那些房舍，门户紧闭，门可罗雀，在灰色的天空下寂寥地坐落着。连同外面由铁丝网保护着的文物保护区里残留的一地垃圾，共同书写着两个字：萧条。

　　去年今日此门中，人面桃花分外红。人面不知何处去，桃花依旧笑春风。

　　踏着先民足迹寻玉而来，玉门关里难见玉。

古道音响，撒落旷野。继续西行的路上，刘学堂教授动情地讲述着大自然的孩子新疆作家戴江南在天堂的舞姿。叶舒宪教授讲述着一个一个关于玉石的神话故事。古代，开采和田玉石的工匠们携带玉石向东进发。每每途经玉门，驼队便会一病不起，无法前行。后来有贤者点拨，那是神性的玉石渐别故乡思念忧伤所致。于是，玉匠们在玉门的墙壁上镶嵌了和田玉石。通灵之玉见之，便以为回到了故乡而不再忧伤，驼队也便平安东进。

浪漫的玉石送给行者温暖的记忆，玉门关内总有情。

三

向西进发，你一直念念不忘的是一个叫瓜州的地方。

那地方，就是你的文化记忆里永远抹不去的"安西"，史书中大气辉煌的"安西"。你说，她是疏勒河的孩子，古道上的宠儿。瓜州人这样自豪地介绍自己，这里是甘肃省的文物大县，全国的古城遗址大县；是丝绸之路的黄金地段，敦煌艺术的中心地带；是草圣张芝的故乡，《西游记》人物原型的原创地；是"中国蜜瓜之乡"，也是"中国锁阳之乡"。

你的理解确实不错。瓜州，那是一个文化人来了就走不开的地方。因为一个小小的西部县城，承载了历史年轮里最为厚重的一页页。

位于河西走廊最西北端的瓜州，古称安西州。汉唐时期，这里曾是安西都护府的驻地。它是"丝绸之路""西域三道"中的主要干道，既是新北道的起点，又是西域南道和中道必经的过境咽喉，可谓"丝绸之路"交通的枢纽，历来是兵家必争之地。这是一个只有10多万人口的小县，可是现存古遗址333余处，仅古城遗址就有55处，最为著名的便是锁阳城和唐玉门关。这里是中亚和欧洲陆路进入中原的门户，从史前时期至明清的几千年间，汉人、匈奴人、吐火罗人、欧罗巴人、蒙古人、党项人、吐蕃人在这里活动频繁，给这个城市留下了许多绮丽的瑰宝。这里确实是甘肃省的文物大县，

瓜州,让人来了就走不开的地方

李正宇教授说，这里地上地下，文物遍布；举目所见，立地有宝。

然而，就是这样的一个地方，在此前多年里，你只有卧游、梦游、路过的缘分。几年前，你的师长益友、甘肃省终身文艺成就奖获得者刘昕先生和《丝绸之路》曾经联合创作过一部《玄奘瓜州历险记》的纪录片。在那里，你频频感受到了青山子、兔葫芦河、苜蓿峰、荒漠、烽火台、海子的神奇。但是，真正的脚步阅读才刚刚开始。

7月18日，"玉帛之路"考察团抵达瓜州已是傍晚时分。这座城市里，正洋溢着锁阳城遗址申报世界文化遗产成功的浓浓的喜庆气氛。在西部落日的余晖里，你们走进瓜州县博物馆，去近距离地感受浓缩了数千年的瓜州文化。

瓜州博物馆的文物展之序中这样提到，早在4000年前的青铜时代，瓜州已经出现了人类活动，分别是亦农亦牧的齐家文化和四坝文化。他们取得的辉煌成就，是华夏文明的重要组成部分。

曾经亲历过锁阳城遗址申报世界文化遗产工作的瓜州县博物馆馆长李宏伟热情地为大家做着向导指引，言语之间充满着强烈的文化自信和

文化自豪，抑制不住的是那份激动和喜悦。他为考察团的成员们送上了自己主编的《瓜州历代诗歌选》，还有《瓜州博物馆》，并反复地介绍着与考察团此行有关的瓜州信息，这里有兔葫芦遗址，这里有产玉的青山！

伴随"玉帛之路"考察团一路走来的，还有一位特殊的"伙伴"，那就是由国家文物局主编的《中国文物地图集·甘肃分册》，专家学者们戏称之为考察引路的"圣经"。每每经过一个市县，考察团的成员们便会翻开它，按图索骥去查证当地史前文化的遗存。而在这本书的"瓜州县"条目下，排在首位的便是兔葫芦遗址。书上说，这里因出土距今3700年的四坝文化文物而闻名于世。

"玉帛之路"考察团的行程安排中，原计划经过瓜州，直抵敦煌，然后到达阿克塞、德令哈，翻越祁连山，前往青海西宁。经过合议，考察团听从了李馆长的建议，决定临时改变行程路线，取消去敦煌的线路及考察计划，前往兔葫芦遗址。

四

2014年7月19日，你随着"玉帛之路"考察团踏上了这方神奇的土地。

一路走来，青山子、苜蓿峰、葫芦河……历历呈现在你的面前，并通过你适时的微信传播出去。你的朋友从你不断更新着的微信上了解着信息。他们说，紧随玉的足迹，一路向西，挖掘历史的积淀。收获？失去？是还原历史？还是寻找未来？

你说，又是一个脚步阅读的惊喜。这里有活化的、还原的历史信息。

遥远的青山子下，遥远的布隆吉大草原上，康熙来了，留名安西。更早时期，玄奘孤独的脚步跋涉在草原荒野间，向西，进入兔葫芦。

唐代边塞诗人岑参也曾怀着一腔的思乡之情走过这里。行进其间，诗人咏叹道：苜蓿峰边逢立春，葫芦河上泪沾巾。闺中只是空相忆，不见沙场愁煞人。

位于布隆吉乡双塔村西南5公里茫茫荒漠中的兔葫芦遗址，确实是一个神奇的所在。1972年，酒泉地区文物普查时发现了这一面积最大、内涵丰富的古遗址。她的发现，给瓜州及甘肃西北地区古文化研究提供了珍贵的实物资料。

在东西8公里左右、南北宽2公里左右的兔葫芦遗址区，随处散落着许多石刀、石斧、石镰、夹沙陶罐及少量彩陶片。专家说，这是史前人类的遗存物，当属新石器时代的四坝文化。当地的文物工作者说，附近有上万座的汉代墓葬。汉代陶片处处可见，比比皆是。这里还出土了隋、唐货币、车马饰件。可以想见，史前至汉唐以来的岁月里，这里曾有着怎样的生机与辉煌。

兔葫芦遗址地处沙漠，车辆无法前行。考察团的队员们只能下车，步行前往。在半是晴天半云天的时空里，徒步考察兔葫芦史前文化遗址，是一次灵魂的洗礼，意志的较量。在这里，胶泥、黄沙、枯根、衰草，演绎着生态的变化和文化的更迭。在这里，在瓜州县博物馆馆长李

传说中的兔葫芦河

唐僧夜渡葫芦河画像

宏伟热情陪同引领下，考察团的成员们发现了大量的陶、铜、石、贝、铁器，专家们发现了类似和田籽料的玉石标本，大家惊喜地看到了大量玉石加工的半成品。这样的发现，证明了此地玉石文化的兴盛。

八年前，叶舒宪先生曾经随西夏文化寻根考察团到达瓜州。那一次，先生关注的是寻访《西游记》唐僧故事中的西夏渊源。八年后再度来到瓜州，再次踏过葫芦河，却是探查史前文化的"大传统"线索。行进在兔葫芦河遗址所在的沙漠里，一路上俯拾即是的汉代灰陶片已经无法阻留先生寻访的步伐。在这里，他看到了史前四坝文化的夹砂红陶片，见到了此行中首次发现的最大件的四坝文化陶器。令先生惊异的是，在短短时间里，不仅采集到新石器时代的大件石斧和石磨棒，还有不少颜色各异并被切割成形的玉石原料，甚至还有被切割为四方形的玉石料。

先生问，难道这里有玉石加工作坊吗？如果真有这样的存在，那么，它们的原料从何而来？为什么这里的玉石原料又是多种多样的呢？

且行且思，专家们讨论出一个初步的认识，玉材难得，古人惜玉。玉石材料坚硬而沉重，不利于远距离输送。如果能够适当切割成形，可以减掉废弃的部分，大大降低运输对象的重量，提高运输效率。

那么，一个新的问题便接连而生：既然兔葫芦遗址的周围有四个不同时代的玉门关存在，这里有没有可

| 考察团成员精心搜寻物证

能存在一个西玉东输的中转站呢？

兔葫芦遗址位于"丝绸之路"通往新疆的两条路线"敦煌道"和"伊吾道"的交会处，正是"西玉东输"的三岔口位置。这里存在自史前至汉唐元明清各代的文化遗存，像这样延续数千载而存在的边关要塞文化，十分类似于锁阳城遗址。专家们认为，锁阳城因为留存有地上建筑遗迹而名满天下，而兔葫芦因为没有留下地上建筑并已被沙漠沙丘所覆盖，处在不为人知的状态，更具研究价值。根据这里发现的大量玉料的存在，可以判断出存在着不同地区的不同玉料汇聚瓜州的情况。

叶舒宪说，一路走来，我一直在考虑一个问题。如果早在三四千年前，联通中原文明与西域的"玉帛之路"已经开通的话，那么向中原运送西部美玉资源的史前之人会是什么人呢？

叶舒宪认为，这个运送大军的主体，不大可能是远道跋涉而来的中原居民。可能性较大的，就是河西走廊的当地人。他们究竟是谁？他们拥有什么样的出身和族群血统？就这次考察所得的线索看，可以大体上锁定一个首要目标，那就是四坝文化的先民。如果考虑文化的延续性和相对稳定性，来自长安城的和尚唐玄奘在瓜州葫芦河畔所收下的徒弟石盘陀，说不定正是四坝文化先民的本土后裔。

较之刚刚获得世界文化遗产桂冠的锁阳城遗址和那蜚声国际的榆林窟和东千佛洞，兔葫芦遗址引发"玉帛之路"考察团强烈兴趣的原因，不仅在于这里有着先于文字而存在的文化大传统，有着与玉紧密相关的信息，还因为"兔葫芦"这个地名的发音与渊源探究。

也许是因为地域接近心理的原因吧，越往西行，新疆师范大学教授、交河古城考古主持者刘学堂越加表现出了一种空前的文化活跃。他对"兔葫芦"这一地名抱有特殊的兴趣。他一直在揣摩着"兔葫芦"与"吐火罗"的关系。刘学堂说，新疆的小河墓地不仅发掘出了距今

兔葫芦遗址的两眼海子

4000年的金发的印欧人种先民遗骸，而且新疆也有一批类似吐火罗或兔葫芦的地名。"兔葫芦"，与"吐火罗"这个曾经活跃在河西走廊的印欧民族人群的命名非常近似。如果按照学界目前多数人的看法，将四坝文化的先民视为月氏，即属于印欧人种，则兔葫芦遗址的先民中就会有至少是一部分是吐火罗人的史前祖先。

站在内陆欧亚史前史的视野，国内外考古学和历史语言学的部分学者认为，早在公元前三千纪的下半叶，居住在黑海、里海北岸的吐火罗人的一支，因为环境或者人口压力，开始东向迁徙。他们成群结队地来到中亚北部，翻越阿尔泰山脉，到达天山南北。他们在天山深处刻下了那幅著名的呼图壁岩画，在梦幻的古楼兰留下了小河文化遗迹。这群人掌握着先进的冶铜技术，还会种植小麦。他们说吐火罗语，可能还有文字。他们给天山南北的山川大地起了一些吐火罗语的地名。瓜州的兔葫芦遗址，有可能与吐火罗人的东进有关，是他们最早把冶铜、小麦种植技术带到了这里。昆仑玉最早由西域东传，也可能借助了吐火罗人之手。专家们认为，如果没有全盘贯通的知识视野和打通思考问题的高度，一些古老的疑团是很难得以解开。

走在兔葫芦遗址区，采集到了一片元青花碎片，说明此地文化在元代依旧繁荣，打破了学界断定为最晚在唐代的论断。叶舒宪说，这可能是中国最西部的元青花了。

有人看到了古代野马的残骸,这为河西马种族群的研究提供了可靠的实物。

有人找到了火烧沟文化的青铜古剑。

有人找到类似和田籽料的玉石标本。

还有人见到了沙漠的眼睛——两汪海子。

将这些碎片的符号予以文化的串接,这些不同时代的文物遗迹无疑在说明着一个事实:兔葫芦遗址曾经长期充当"玉帛之路"运输的要塞或中转站作用。

万里行路,胜读卷书。在盛夏时节,这些在叩问中记录、在探究中考证的文化"痴者""疯子",顶着寓意祥瑞和福分的"菩萨盖顶"的云彩,一路奔波,徒步十多公里,真情丈量兔葫芦河遗址,在这里拉开了一场职责、使命与激情的拉力赛。

你也行走其间。行走在其间的人们,仁者见仁,智者见智。旷野奇静,满眼皆是黄沙枯草,偶有飞鸟的鸣叫。岁月的大河床里,沙生植物、丛生芦苇、残垣断壁、被风沙的刀雕塑成不同形制的沙丘,都以错乱的时空呈现于眼前。你不知道这是在史前,还是在汉唐。但你相信,天上那轮正穿行在云

茫茫兔葫芦,曾经有过怎样的辉煌?

间的日头，是从史前一直滚动到了今天。除了这个，属于史前至今的还有什么呢？你想到了在葫芦河一别的玄奘师徒，浮云悠水碧空流；你的耳旁一次次响起关于玄奘师徒一别时的恢弘之音，那种旋律，有忧伤，有悲壮，还有更多更为复杂的成分。那是一种叫做缘的声音。

去的终究要去，留下的终究还会留下。穿越数千年，还有无数的商贾僧侣，文人士子，还有戍边将士，他们过海子、涉流沙、钻过芦苇荡。他们，有的独行，有的结伴而行，走过历史的文明大道，向着他们所认定的希望走去。

今天的人们，和昨天的人们共同相望于道，在有笑有泪中铺垫出了有滋有味的玉帛大道。

五

邂逅是一种意外的相逢，意外的相逢总是带着意外的惊喜。

寻访兔葫芦遗址是瓜州这个西部小县送给"玉帛之路"考察团的一大惊喜。它让一直漫行在河西走廊寻玉久久而不获的人们，分明而真实地感受到了"玉帛之路"的存在。因为你知道，从天马故里武威出发，除了皇娘娘台出土的齐家玉之外，从四坝文化，到火烧沟文化，那些一刻也不敢游离的寻玉的目光总是掠过一次一次的失落，自古"多美玉"的河西道上很少见到有玉的身影。但是，在兔葫芦遗址，发现了大量的玉料。

这个西部县城对于文化的慷慨奉献远不止此，她还给"玉帛之路"的人们送上了更大的惊喜——圆梦大头山！

大头山究竟在国家地理上叫什么名字，资料上没有记载。但可以认定的是，它同样属于祁连山一系。"大头山"的名字属于叶舒宪教授的首创。起因就在于，乡间有句俗话叫，做你的大头梦去！

"玉帛之路"的行者在这里做了一个非常美丽、非常完美、非常真实的"大头梦"。对于给过这样一份赏赐的大山，名之为"大头山"，倍感亲切，接地气，有温度。

交流真是一件了不起的事情。和专家学者同行，你明白了一个道理，一个真正的学者，是会放下所谓学者道貌岸然般的尊严的架子的。有道是"欲知朝中事，乡下问野人"。许多的智慧和真谛，往往都潜藏在基层，都在基层践行者的视野和思维里。就在寻访兔葫芦遗址的路上，"玉帛之路"的专家们在与当地文物部门人员的交流中得知，此地有座山，山上有稀物。那稀物，似玉。

这样的信息，对于"玉帛之路"的寻访者来说，无疑是更大的惊喜。考察团再次调整考察路线和行程，决定继续留在瓜州，准备粮草，准备次日上山寻玉。

这样一而再、再而三的行程调整，倒真的应了那句话，这是一个让文化人来了就走不开的地方。

7月20日的瓜州，空气特别地清新，天气出奇地晴朗。高远的天空里飘着片片云彩，悠闲而恬淡。那云，变换组合着不同的图案，宛若毕加索的油画。炎热也变成了温润的炎热，对，不是干热，也不是燥热。也许，那热，因为有了向往和冲动，便也充满了诗意，充满了温情。

在这样的阳光下乘坐越野车出行，不失是一种享受。

而更主要的是，前行的路线，正是当年林则徐西行的路线。这条路上，还有圣僧玄奘前往西域的足迹。"苟利国家生死以，岂因祸福避趋之。谪居正是君恩厚，养拙刚于戍卒宜。"这样的前行很壮观，心绪亦很复杂。

四辆载着考察团成员迫切心情的越野车，拉着饮用水、黄瓜、西

| 这里曾经是玄奘、林则徐西行走过的路 | 圆梦大头山的路上 |

瓜、大饼、面包和鸡蛋的越野车，就这样浩浩荡荡地向着瓜州的边境区域前进。驶过高速，穿过崎岖的小路，便没入了戈壁。车辆左冲右突，上下颠簸。透过车窗向后望去，茫茫戈壁上的那条道路恰似一条缭绕的丝绸，又似一条飘逸的玉带。

这里原本没有路，走的人多了便形成了路。这样的路上没有标记，一切只有靠行者的记忆。走错了，再往返。行行重行行，越野车终于在一个山口停下了喘息。

当地文化部门的同志告诉大家，就是这座山里，据说有玉。

"玉帛之路"考察团的成员们在专家学者和知情人士的相互提醒下，开始了兴奋而充满期待的寻玉。大家在想，若是能找到古人加工玉料的半成品，或者至少有四坝文化的陶片也行，那"玉石之路"的某些学术疑问就会迎刃而解。

沿着通往大山深处的山谷间，巨石林立，错落无序。多少年来山洪冲刷下的山谷显示着岁月的力道，各种各样的山花竞相生长，有的拥抱在一起，有的清静地独处。大家相互提醒，走过山花山草的地方，特别注意，小心有蛇。没有遇到蛇，但不知名的一种虫子表现出了特别的热情，总是围着人们飞舞。冷不丁地猛咬一口，疼痛异常。更有甚者，隔着衣服也总是遭遇到蚊虫的叮咬。

久旱遇上及时雨是怎样的况味？走了许久没有寻到玉的人们，在今天来到了一座据说有玉的大山会是怎样的一种心情。在这样的情绪驱使下，蚊虫的叮咬又算得了什么？考察团的成员们一直沿着山坡前行，时不时捡起一块石或玉的东西，相互问询，共同探讨。

造物弄人。天将正午，在烈日的曝晒下，考察团的成员们在山谷里行进了很长时间，却一直没有见到想象中的宝玉。经过专家学者的冷静分析，最后决定反向行走，顺着山水流经的方向行进。也许，那玉，在山水的牵手间，正飘流到下游的某个地方，等待着与人们的美丽相遇。

实践再次证明，学而不思则罔，思而不学则殆。思考对于行走确实能够产生事半功倍的效果。当考察团的成员在思考的帮助下，返道走回山下平缓地带时，终于发现，坡地上有了一些散碎的玉石。再往下走，更是惊喜，遍野皆是俯拾即是的玉石。

踏破铁鞋无觅处，得来全不费工夫。考察团成员们低着头，弯着腰，专注地看着脚下的一方方土地，搜寻着似玉的石块。每拿起一块，总要相互交流，仔细比对。是玉的，先带在身边；不是玉的，扔弃了继续前行。苍茫的山野间，十多名成员参差前行。这样的情景，让你想起了一首歌，那首浸在骨子里的信天游：

> 我低头，向山沟
>
> 追逐流逝的岁月
>
> 风沙茫茫满山谷
>
> 不见我的童年
>
> 我抬头，向青天
>
> 搜寻远去的从前
>
> 白云悠悠尽情地游
>
> 什么都没改变……

茫茫山谷里，没有风沙。这里的山谷里，大自然恭送给学者们、行者们的是玉。那玉，同样记载着无数流逝的岁月。这样的岁月，经历了多少年，那是属于山脉的秘密。那些行者们，正在默默地用心悟证，用心感受。

这里满山遍野多的是带皮色的白玉块，多的是褐色皮的白玉石，多的是籽料。而这些遥远的玉的知识，你是属于一知半解的。叶舒宪和那些专家学者们在行走间给你和你的伙伴们普及着玉的知识。

| 考察团成员在大头山用玉石写就"玉帛之路"

还记否，《山海经》中反复出现的山上多"白玉"的记载？叶舒宪说，若不是这一天的西域圆梦白玉日的亲身经历，谁会相信《山海经》作者的叙述是不是子虚乌有呢？

此后有媒体报道说，踏访大头山这座古今史书上都不见记录的白玉之山的时候，叶舒宪和考察团的成员们仿佛孩童走入了幻境。他们在不断追梦。

这是西行路上的圆梦之日。"玉帛之路"考察团诚可感天，在此行最西端的大头山里见到了玉，大家用大小各异的玉石堆积出了硕大的"玉帛之路"四个大字。2014 年 10 月，叶舒宪委托北京石油大学检测瓜州玉石料，确认石英石，摩氏硬度 7。

"玉帛之路"，跨郡过州，跋山涉水，瓜瓞必绵绵。在返回的路上，车里飘出一首歌，歌里唱道，我们还能不能再见面？我在佛前苦苦等了几千年……

悠悠玉帛路，欲说已忘言。

六

站在瓜州寻玉，需要回想张掖玉水苑。因为玉的缘故。

在离开张掖市区的那个清晨，你和"玉帛之路"考察团的成员一起走进了张掖玉水苑。

坐落在张掖滨河新区北侧的玉水苑——祁连玉文化产业园，是张掖滨河新区建设的主要部分。它是一个由张掖市和肃南县合作开发的集玉石加工、产品展销、学术交流、文化传播和旅游观赏于一体的文化产业园。创意者们希望，将祁连山玉料资源作为未来的经济开发方向，将中华玉文化、丝绸之路文化和张掖独有的裕固族文化有机结合，必将结出一朵属于玉的奇葩。

这样的经济决策和文化产业创意，本身说明了一个问题，祁连山产玉。难道人们没有去注意，那一杯一杯醉了生还者的盛满葡萄酒的夜光杯，本来就应该是属于玉的一族。

齐家文化玉料来源是多样化的，其中以榆中马衔山玉矿为主，但也有

象征玉产业发展的玉水苑号在张掖起步

少量的和田玉和祁连玉。

石运文昌，祁连精魂。

走过张掖，叶舒宪产生了这样的思考：那西夏国师发现的"碧玉佛"，究竟是当地产的祁连玉呢，还是来自新疆的玛纳斯碧玉？这是大佛寺古老的传说和玉水苑新景观带给人们的疑问。未来的"金张掖"，是否会依托祁连山的玉矿资源而发展为"玉张掖"？或者像北京奥运会奖牌创意那样，呈现为"金镶玉"的河西文化名城？

七

站在瓜州寻玉，同样需要遥望马鬃山。

马鬃山，地处瓜州东北方向约 200 公里的肃北蒙古族自治县，境内矿产资源丰富。2007 年，甘肃省文物考古研究所和北京大学考古文博学院在进行早期"玉石之路"调查时，在肃北县马鬃山镇西北约 22 公里的河盐湖径保尔草场上发现了马鬃山玉矿遗址。这里的玉石矿属于海西晚期酸性岩浆活动有关的热液型矿床。2008 年，甘肃省文物考古研究所、北京科技大学对这里进行了重点复查。2011 年到 2012 年，甘肃省文物考古研究所又对该遗址进行了两次发掘。经过发掘调查，马鬃山玉矿遗址面积约 5 平方公里，由古代矿坑、防御性建筑和选料作坊构成。发现古矿坑百余处，有颜色各异的透闪石玉料。出土遗物千余件，除了中原陶器外，还发现有分布在河西走廊西部的骟马文化遗物。

专家推测，这个玉矿，应该是从四坝文化时期一直开采至东汉，可能晚至魏晋时期。由此向东，武威海藏寺、皇娘娘台遗址出土的玉器玉料中，就有源于四坝文化控制区的玉料。业界认为，四坝文化是齐家文化对外交流的中介之一。

八

站在瓜州寻玉，更让人遥想玉门关。

早在 1966 年，日本一名学者提出，在中国古代历史上，为了从遥远的西域将和田玉运至中国内地，古人开辟有一条"玉石之路"。玉门关，是"玉石之路"西域与内地的分界处。传说玉石从此运进内地，然后再送往东面的长安等都城。商队很可能在玉门卸货，然后与内地来的玉石商进行交易。

何为玉门关？顾名思义，是运送玉石进出的关口。神话世界里，是在小方盘城上镶嵌着玉石的关门。在历史掌故里，玉门关是国强国弱戍守边境的分水岭。在中原王权者的版图上，玉门关就像河西边陲的一颗棋子，在进进退退中唱着兴衰成败的歌。随着那歌，进入玉门的玉，有时是美玉，有时是拙玉；有和田玉，也有地方玉……

作为华夏边塞诗中最常见的母题，玉关、玉关头、玉塞、玉门、玉门道、玉门山，这些指代玉门的词语频频出没在唐诗宋词里。玉门关是诗人心中的一个精神向度，一种境界防线，或者是东方的伊甸园、乌托邦。玉门关，一个诗意的地名，携裹着昆仑山的种种美好，开启了"西玉东输"的大幕。而在学者的眼里，河西神秘的土地上有许多玉门关的故址。

你没有去过现存的玉门关遗址，你只能凭借资料的记载去想象那座在大汉天子眼里"据两关"构成犄角之势的玉门关的形象了。河西一位叫胡杨的作者写过一篇叫《玉门关的悲凉》的文章，他说，玉石西来，丝绸东去，仅仅是玉门关温柔和平的一面。"春风不度"的荒凉与"古来征战几人回"的悲壮才是其真实的写照。在古老的汉帝国的边防线上，一座关口的名望历久不衰，充满诗意而又凄凉幽怨，积聚梦想而又磨砺重重，这样的关口，也只有玉门关了。

感谢斯坦因，他在酒泉市敦煌县城西北 80 公里的戈壁滩上发现了汉代的玉门关。这是长城西端的重要关口，当地的人们又叫她为小方盘城。现存的方形城垣基本完整，西墙、北墙各开一门，城北坡下有东西大车道，那是历史上中原和西域诸国来往及邮驿的道路。当然，你也可以理解为运送玉帛的道路。站在城垣上，北望长城，犹如蛟龙遨游于瀚海。俯仰关外，顿生苍茫大地天地悠悠之感。

我相信，王之涣不是在这个玉门关上吟唱出那句"春风不度玉门关"的千古绝唱的。因为向达和阎文儒两位先生经过考证后认为，唐朝玉门关的旧址应该在酒泉双塔水库旁。水库之南是青山子、截山子，如今，这里也正在被开发成旅游景点，以历史之名吸引着游人的光顾。

而在这次"玉帛之路"考察中，瓜州的文物工作者告诉考察团的成员，近年来他们借助于国家测绘局的遥感技术，已经在瓜州县境内找出了 60 多座古城址，并找出可以辨认的玉门关有 4 处。如果加上敦煌以西的汉玉门关和瓜州以东 100 多公里的玉门市之玉门关，大体上可归纳出河西走廊西端有 6 个玉门关。

无独有偶，2013 年 7 月在嘉峪关召开的"寻找最早的玉门关"研讨会上，西北师范大学敦煌学研究所所长李并成教授发表了《石关峡：最早的玉门关与最晚的玉门关》的论文。李并成认为，嘉峪关石关峡成为 6 个已有的玉门关之外，新考证出的第 7 个玉门关。

生有涯，学无涯。谁又能断定，在此后经年里，河西大地上还会有若许的玉门关进入学界的视野？

难道历史不是这样的现实吗？和平年代，玉门关下"驰命走驿，不绝于时月；商胡贩客，日款于塞下"。玉门关，是希望的标志；战事一起，关门紧闭，"只盼生还玉门关"。玉门关，又是兴衰的标志。朝廷弱而强敌至，一个关口就开始生命的收缩；朝廷强与强敌争，一个关口就开始生命的绽放。从周穆王开始，历尽分分合合的奴隶社会、封建王朝，直至清朝的最后一声叹息，"西玉东输"的脚步声一直响在"玉帛之路"上，有时铿锵，有时踟蹰。但是，不管是怎样的步伐，总有需要进入中原王权领地的那一个玉门关。

走过瓜州的兔葫芦遗址和大头山，叶舒宪一直在思考，从甘肃到新疆和青海，是否有昆仑山和田玉以外的其他地方性玉石输送中原呢？如果答案是肯定的，那么又会有多少处和田玉之外的西部玉石资源在古代就已经被发现和开采呢？这些不同地区的玉石资源又是通过什么样的路径输送中原的？

在思考和行走中，叶舒宪更加清晰地意识到，虽然在河西的博物馆里很少见到玉的存在，但玉水苑、嘉峪关、兔葫芦、大头山、马鬃山、玉门关这一个个符号的链接无疑在告诉人们，在史无前例延续数千年的"西玉东输"中，自西域进入中原国家的玉石资源具有多样性。除了新疆和田玉之外，甘肃、青海同样是"西玉东输"的玉石资源地。尤其是河西走廊天然屏障祁连山两侧，都有不同的玉石资源存在。虽然这里的玉质不及新疆和田玉的精美，但它通往中原国家的路线却比新疆和田玉一带要近一千多公里并且更好走。而瓜州，极有可能曾经充当古代多处玉石资源输入中原国家的集散地或汇聚点。叶舒宪说，鉴于玉门关的多样性和历史游动性，用"游动的玉门关"理念来考虑问题，或可跳出历史的谜团。有必要把昆仑山系和祁连山系联系起来看，还要将和田、敦煌、瓜州和肃北马鬃山、嘉峪关玉石山、陇中的马衔山等联系成一个西部美玉资源的整体。

游动的玉门关，这是一个崭新的命题。它不仅仅是一个新的考古学问题，将引发学界重新认识中国文学谱系中的玉石崇拜现象。更重要的意义在于，它包含了要把中华文明的整体当做一部伟大的作品来解读的理论意义。

游动在河西古道上的玉门关，无声地在向今人诉说着关于玉的旅行的多种故事版本。而穿越这一个个版本，我们在无数射线般放射的隧道里清晰地感受到了西部之玉的存在姿态。她们，也许来自更遥远的西部。在这里，她们只是匆匆的过客，歇歇脚，她们将继续向着东方、向着中原进发。她们，也许就生长在这里。这里，是她们生命的温床。通道也罢，起点也罢，一起身，一个历史的玉门就定格在脚下。

不论是嘉峪关又名壁玉关，还是漂泊在史册中的玉门关，不论是瓜州兔葫芦的玉料加工遗址，还是大头山的遍野玉石。走过河西，早在四坝文化时期，或者至迟在距今四千年左右的齐家文化时期，一条由绿洲上声声驼铃或者河川上声声号子中"西玉东输"的玉帛之路、文化之路、交流之路已然开启。

九

轻盈舞过飞天，却留下厚重的记忆。内敛如吾，持重如山，缘在瓜州是不迭的绵绵。

在瓜州，"玉帛之路"考察团迎来了新的成员——原文化部副部长、故宫博物院院长郑欣淼先生。作家、新疆阿克苏地区人大常委会书记卢法政也从新疆飞来，加入考察团的行列。考察团一行在瓜州留下了"全家福"，之后将返回嘉峪关，开始新的考察活动。

瓜州，是"玉帛之路"考察团西行的最后一站。既是总结会，也是东行启动仪式。在瓜州，考察团召开了短暂的研讨会，意在让灵魂跟上跋涉的脚步。研讨会上，叶舒宪先生说，中国文化是以玉为至高信仰的玉教文化。在外来的佛教进入中国前，玉教文化成了能够相对统一华夏国家版图和广大人民的共同信仰。郑欣淼先生说，"玉帛之路"的研究应挖掘玉石文化的内涵，寻找玉石隐含的核心价值观念，擎起中国玉文化的大旗。

共同的行进源于共同的认识。在考察团成员的意识中，玉，是华夏文明的精魂。专家学者们感言，未来的发展必将是文化领先。用心灵感悟文化，以行动催生创新。

行动，将永远是新征程的开始！

你的朋友发来微信说，这是一次高大上的西部文化探索之旅。

之五：辉增大夏齐家玉

走过河西，"玉帛之路"国际文化考察团穿越在现代与史前四千多年的文明长廊里，齐家文化、沙井文化、四坝文化、火烧沟文化，像一盏盏灯笼次第亮起，像一把把火炬将光芒传递。更如一个个驿站，护送着数千年前的精灵之玉，向着心灵的殿堂走来。

生命总是一次缺憾的赴宴。2014 年 7 月 22 日，正当"玉帛之路"考察团开始新一轮东进时，凉州大马，独回故里。在裕固族草原探寻祁连玉的路上，在青海卡约文化文物展上，在大夏河畔的齐家玉前，在临夏广河的研讨会上，没有了你的身影和思考的回响。在那忙碌的空暇里，你只能通过微信，感受着前方队友们的呼吸和步履。而在今天的叙事里，你也只能和我一起通过影像的记忆而走过西宁、走过临夏、走过定西，走过马家窑文化、齐家文化、辛店文化……

再见亦是玉帛，淡如一匹水，真如一湖玉。

一

清晨作别璧玉山，玉帛路上少一人。

在与你相处的半年多时间里，我反复在强调着一个观点，那就是玉是讲究缘分的。其实何尝是玉，生命中的许多邀约都在于一个"缘"字。

"玉帛之路"考察活动，本计划从敦煌出发考察阳关后，前往阿克塞。然后从阿克塞出发，穿越阿尔金山，踏上"玉石之路"主干道，前往德令哈。再从德令哈出发，前往青海西宁，然后进入甘肃临夏、定西。结果，因为瓜飚绵绵的瓜州，因为那带来惊喜的兔葫芦遗址和大头山之梦，不得不做出此行中无奈的取舍。

7月22日，"玉帛之路"考察团从嘉峪关出发，穿越祁连山，通过肃南裕固族自治县，直抵"三江之源"的大美青海。

肃南者，肃州之南。裕固者，《宋书》里称之"撒里畏兀"，是世界上唯一一支信仰佛教的突厥民族。肃南裕固族自治县，是全国唯一的裕固族自治县。这里地处河西走廊中部，祁连山北麓一线，民族气息浓厚，历史渊源悠久。考察团的车辆奔驶在弥漫着浓郁民族风情的祁连山谷，在微雨里摇曳多姿的格桑花，匆匆地迎接着、欢送着东去西来的行人。

甘、青在此相接着的，是有着"青海小瑞士"之称的青海省门源县。这里最为人们称道的，便是那漫山遍野的油菜花。金黄与浓绿相间的色彩，衬托着遥远的雪山，加上天际边滚动的乌云，在人们的视线里、镜头下，定格成一幅幅壮丽而沧桑的画面。行进在祁连山深处，卢法政说，不到祁连，不知祁连之美。不到祁连，更不可能体会到当年被汉武大帝驱逐而失去祁连山的匈奴为什么会发出那样悲伤的哀叹。

回顾所来径，苍苍横翠薇。当考察团的成员们沿着这样的路线走向大美青海的时候，你正踏着来路走向凉州。回溯有回溯的好处，就像温故而知新的求知一样，同样可以产生醍醐灌顶的觉受。走过高台，你想起了合黎山；走过张掖，你想起了四坝人……

当你走进凉州的时候，一个史前文化的河西已经在你的知识视野里活了起来，立了起来。正如一位作家说过的一句话，河西，是人类别在苍茫宇宙间的一枚勋章。人类的河西，是文化的驿站，是青铜、彩陶、丝绸、玉石东来西去交流融合的驿站。

二

"青海长云暗雪山，孤城遥望玉门关。"在别离玉门关后的日子里，你的心一直跟随着"玉帛之路"的足迹。当考察团到达青海的时候，你亦遥望着青海。

遥望青海，是因为这里有"水"。那水，是人类文明发源的象征。滚滚涌动于华夏大地的黄河、长江和澜沧江，为青海赢得了"三江源"的美称。一位叫戴传贤的学者认为，青海，是中国文化的鼻祖，是中国老百姓的老家。

遥望青海，是因为这里有"山"。孕育和承载着中国神话巨大话语体系的昆仑山横亘青海，成为华夏万山之际、河岳之根，被誉为中国的"奥林匹斯"。没有了昆仑山，世世代代的华夏儿女就少了一份安全，少了一份温暖，少了一份慰藉，少了一份力量。

还是想起《山海经》中的那句话，巍巍昆仑"其光熊熊，其气魂魂"。这样的光，辉煌千万年；这样的气，浩荡千万年。

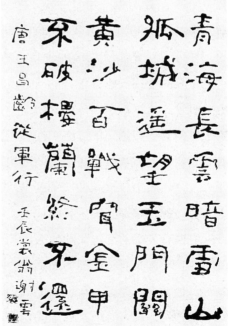

王昌龄《从军行》

而最为主要的是，"河出昆仑""玉出昆冈"，无论是"玉帛之路"专家学者们关注的华夏文明探源工程，还是"玉帛之路"渊源与路线，无论是华夏文明的核心价值探究，还是玉之格的召唤，昆仑，一直行走在专家学者的心中，成为大家永恒的精神向度。

周穆王西巡、大禹治水、天帝之都、西王母之所在，一切都以神圣、神奇、神秘的色彩告诉着人们，这里是中国文化的主要发祥地，是中华文明的重要源头。

三

遥望青海，你更是念念不忘于这片土地上孕育的诸多史前文明。

卡约文化，是青海最具本土特征的土著文化类型。它因瑞典学者安特生首次在青海省湟中县李家山卡约村发现而得名。通过考古资料得知，卡约文化是一支以农业和畜牧业为主要经济形式的青铜文化。卡约，在藏语中是指山口前的平地。透过这个地名，你可以想得到4000年前左右的卡约人选择这样的一方土地，靠着农业和畜牧业创造幸福生活的情景。通过这里出土的文物遗址，你可以真实地感受到卡约人的原始宗教信仰和萨满式的文明。在萨满人的文明体系里，骑着鹿可以通天通神，他们的帽子就模仿鹿角的形状；人的灵魂和生命藏于骨管，骨管便成为萨满人宗教仪式的一种法器；透过铜镜可以看到死者的灵魂，萨满人便用铜镜窥探隐蔽的灵魂；羌人是卡约人的先祖，因此羊成为他们心目中很有灵性的动物。萨满人用羊祭祀引导亡灵，用羊皮做鼓增强法力；鸟是一种具有特殊能力的动物，萨满人依鸟形铜铃完成精神和灵魂的空中之旅……

"沈那"，是古羌语。意思就是说，这里是依山面水、林木茂盛的地方。坐落在青海省西宁市城北区小桥村北沈那台上的沈那遗址，也是远古人类从新石器时代向青铜时代过渡的一种文化遗存。专家考证，这里应该是大约 3500 年前的古羌人聚落村。这里以齐家文化居住遗存为主，还有少量的马家窑文化马家窑类型、半山类型和卡约文化遗存。可以说，沈那遗址是我国迄今发现面积较大、文化层堆积较厚、文化内涵相当丰富、保存现状较好的多种文化并存地点之一。

你念念不忘的还有那"东方的庞贝古城"——位于青海民和县的喇家遗址。那里分布着许多史前时期与青铜时代的古文化遗址，那里发现了迄今最早的面条遗存，那里因出土齐家文化大型玉璧和目前国内最大的玉刀而闻名于考古界。最重要的是，专家们通过那里出土的姿势异常的人骨、布满裂缝和褶皱的房址，洞悉到距今 4000 年前后在黄河上游出现的灾变事件。资料上记载，地震对遗址造成了灾难性的打击，洪水则对遗址造成毁灭性的冲击。因此，这是一处极为罕见的史前灾难遗址。而这一考古的发现，正好暗合了夏王朝之前正值洪水时期的记载。

还有那上世纪 70 年代中后期发现的被誉为"彩陶王国"的齐家文化遗址乐都柳湾。这是中国迄今所知规模最大、保存较好的一处氏族公共墓地，也是目前中国原始社会考古发掘墓葬最多的地点。1500 余座墓葬，出土陶器 15000 余件，而在同一地点出土万余件彩陶可谓举世罕见，远远超过了西安半坡的仰韶文化遗址。那些彩陶表面上有 100 多种符号，文字学家视之为中国汉字之始，抑或为甲骨文的起源。那浮雕裸体人像彩陶壶、人头形器口彩陶壶等众多独特少见的彩陶，蕴含着神秘强烈的文化魅力，诉说着曾经的辉煌，令无数文化人梦牵魂绕。

奔流不息的黄河、湟水滋养了河湟文明。受仰韶文化的影响发展起来的马家窑文化彩陶，在大河的奔腾中变幻出多姿多彩的彩陶文化，创造了华夏彩陶艺术的巅峰。没有出土于大通县上孙家寨墓地的舞蹈纹彩陶盆，没有出土于宗日遗址中能吹奏出五音的陶埙，也许就不会有今天流行在华夏大地上那首《在那遥远的地方》的音乐母体——河湟花儿。

江河不废千古流。半山文化、马厂文化、齐家文化、卡约文化、辛店文化，见证了马家窑人、齐家人、卡约人、辛店人、羌人、鲜卑人、吐谷浑人、吐蕃人、党项人、蒙古人、藏人在这片热土上日月相继的追求和创造，他们共同展示着"和而不同""和合万家"的青海之大美！

四

走过甘青河湟，漫步黄河上游，穿越千年长城，放眼华夏大地，一个关于华夏文明的课题必须正视。而马家窑文化、齐家文化无疑是一方神奇的天空，铜、陶、玉们，就像一颗颗星星，在那苍穹上闪烁着熠熠的光。

西北师范大学刘再聪教授在一篇研究华夏文明的文章里说，"华夏"一词，最早见于《尚书》。"夏，大也，故大国曰夏，华夏谓中国也。""中国有礼仪之大故称夏，有服章之美谓之华。"作为部族，华夏最初指居住在中原的汉族的先民，也可称为诸夏、夏、华等。与华夏相邻而居住在中原周边的部族被称为四夷，即蛮、戎、夷、狄。随着历史的发展，"华夏"的含义渐趋宽泛，可以与今天的"中华"等同。

"文明"一词亦最早见于《尚书》。《尚书·舜典》里说："浚哲文明，温恭允塞。"孔颖达疏："经天纬地曰文，照临四方曰明。"《周易》乾卦《文言》传："见龙在田，天下文明。"孔颖达疏："天下文明者，阳气在田，始生万物，故天下有文章而光明也。""文明"的最初含义是光明和显耀。恩格斯曾经指出："文明时代的基础是一个阶级对另一个阶级的剥削。"此说进一步点明了文明的本质。以此看来，华夏文明就是指中国摆脱蒙昧、野蛮状态开始进入新的更发达社会的时代，它的表现形式包括这一时代所创造的所有物质文明和精神文明。

　　"华夷之辨"每出现一次，华夏文明的覆盖范围就扩大一圈。甘肃，也随之进入华夏文明圈。

　　中国社会科学院考古研究所所长王巍认为，甘肃位于黄河上游地区，狭长的地域和独特的地理位置使其自古以来就是东西方文化交流的通道。在多元一体的中国古代文明以及统一的多民族国家的形成和发展过程中，甘肃发挥了独特的作用。甘肃拥有数目繁多的"华夏之最"，具有源头性、多样性、过渡性的特征，是世界文明的重要组成部分。

　　在陇原大地，秦安大地湾一带被认为是华夏文明起源的中心之一。西北地区最早的农耕文化——大地湾一期文化，是迄今这一地区发现的年代最早的新石器时代文化。它为下一阶段作为中国北方地区新石器时代代表性文化——举世闻名的仰韶文化的出现奠定了基础；中国史前最为精美和繁盛的彩陶艺术——马家窑文化系统的彩陶，是新石器时代考古学中最具特色的文化；迄今中国年代最早的铜器出土于西北地区，这里是探讨中国冶金术起源的重要区域；这里有黄河上游地区的初期文明——齐家文化，有从农耕文化到农牧混合文化的转变——羌戎族团。

　　从距今7000年前后的大地湾一期文化，到距今5500年前后的最早的殿堂式建筑，到5000年前后马家窑文化艳丽的彩陶，再到距今4000年前后齐家文化发达的玉器和在我国境内出现较早的冶金术，以及距今3000年兼营农业和畜牧、具有欧亚草原文化特色的辛店文化和卡约文化，春秋战国时期富于动物风格装饰的羌戎文化等，这些特色鲜明的陇上史前文化，为中华民族丰富多彩的古代文化宝库增添了光彩。

　　冲破层层迷雾重障，一个文化的甘肃渐渐在世人面前清晰呈现。作为连接中原与欧亚大陆中亚地区的文化通道，自古以来就是中原地区和欧亚大陆之间文化交流的重要通道。玉石、青铜、绵羊、黄牛、小麦通过这个通道从西向东传入中原地区，丝绸、茶叶、五铢钱、铜镜通过这个通道向西传播。在华夏文明走向世界的历程中，甘肃起到了重要的窗口和桥梁作用。在这种交流和传播中，积淀了丰厚独特的文化遗产，甘肃因之而当之无愧地成为华夏文明传承创新区。

"中央研究院"史语所所长傅斯年唯一传世名作《夷夏东西说》，代表了"中华民国"时代华夏文明探索的成果。根据现存文献可以证明，夷在东，夏在西，夏是西方大国。现在专家们进一步论证元昊的西夏、赫连勃勃的大夏与大禹父子建立的夏朝有藕断丝连之关系，元昊和赫连勃勃均自认为是夏朝的继承者，追认大禹或轩辕黄帝为祖先。三者地区大体重合且正好是齐家文化分布区。

易华先生的《夷夏先后说》掀起了齐家文化热。他在书中引经据典证实，古代生活在东方中原的"夷"，是以农耕定居为生活方式的当地土著；而"夏"，则是从西方来到中原的游牧民族。易华认为，如果真有夏朝，夏是新石器时代或传说时代到历史时代的过渡期，也是游牧与农耕文化激烈碰撞与融合时期。深入、系统地研究齐家文化，可以阐明华夏文明形成的历程。

易华说，辉煌一时的马家窑文化是相对单纯的新石器时代定居农业文化，相对低调的齐家文化是复合的青铜时代文化。定居农业文化是卵子，青铜游牧文化是精子。两者结合形成的齐家文化，才可能是华夏文明诞生的标志。华夏文明并非单纯的定居农业文明，也不是纯粹的游牧文明，是一种复合文明。

五

20 世纪 20 年代，是揭开古老华夏民族面纱的一个时代。随着周口店北京人、仰韶文化、马家窑文化、齐家文化、辛店文化等一系列原始文化的爆出，瑞典安特生的名字成了考古界的一面经典旗帜。

生于 1874 年的安特生，是瑞典乌普萨拉大学教授，兼任瑞典地质调查所所长。40 岁的那一年，安特生受中国政府邀请，告别瑞典，来到了中国。安特生担任农商部矿政顾问，负责为北洋政府寻找铁矿和煤矿。可是，连年的军阀混战使他的寻矿之旅举步维艰。

彷徨痛苦中的安特生想起了同是瑞典的探险家斯文·赫定的路子。他将成就自己在中国的目标锁定在了中国史前史的考古上。

1921 年，安特生在北京周口店发现了北京人遗址，震撼了当时的科学界。之后，他又在河南渑池县城北 9 公里处发现了新石器时代的仰韶文化。

我们当然不知道安特生是出于怎样的考虑，但他非常认真地认为，中国早期文化应该在黄河上游。从 1923 年的春天开始，安特生带着一班人来到了西部的兰州，然后一直在陕甘青三省地区进行野外考古。

他沿着洮河南下，在洮河西岸发现了马家窑文化。

他沿着洮河抵达西岸，在临夏广河县发现了半山类型文化。

在广河县齐家坪，他发现了影响华夏文明数百年的齐家文化。

他走进武威民勤，在茫茫沙海里发现了沙井文化。

一次发现，一次惊喜。一次发现，一次轰动。在黄河上游的考古，成就了安特生。安特生也通过自己的考古发现，以不可辩驳的实物击破了西方考古界提出的“中国无石器时代说”“华夏文化西来说”等，开辟了中国史前文化研究的广阔前景。

一座城，一个人，再加一份坚守，这也许是安特生留给更多学者和行者的启迪。

六

花开两朵，各表一枝。

请原谅我不能以传统的叙事来纪录"玉帛之路"考察团每日的行踪。因为现在考察团们踏上的这片土地呈现着史前文明五彩斑斓的融合与交汇。那些文明，你中有我，我中有你。他们的身影，跳跃在陕、甘、青数千年数千里的道上。

1924年，安特生在甘肃定西临洮县洮河西岸的马家窑村麻峪沟口发现了一种独特的文化。这是黄河上游新石器时代晚期到青铜时代的著名遗址，距今5700多年的时间，那就是"马家窑文化"。

三十多年后，甘肃省博物馆对此进行了多次调查，发现了马家窑类型叠压在仰韶文化庙底沟类型之上的地层关系，认定它是仰韶文化向西发展的一种地方类型，是中原仰韶文化晚期在甘肃的继承和发展，故又名甘肃仰韶文化。在时间顺序上，马家窑文化上承仰韶文化的庙底沟类型，下接齐家文化。

另外，据出土于马家窑的人骨鉴定，创造马家窑文化的原始居民与中原仰韶文化创造者同属一个种族。他们的居民当是戎、羌族系的祖先。

马家窑文化主要分布于黄河上游地区，以陇西黄土高原为中心，东起渭河上游，西到河西走廊和青海省东北部，北达宁夏回族自治区南部，南抵四川省北部。分布区内主要河流为黄河及其支流洮河、大夏河、湟水等。

你问马家窑文化最显著的特点是什么？不容置疑，那就是发达的彩陶。在我国发现的所有彩陶文化中，马家

马家窑彩陶罐

窑文化彩陶比例最高,占到整个陶系的 20%～50%。有学者认为,它的图案之多样、题材之丰富、花纹之精美、构思之灵妙,是史前任何一种远古文化所不可比拟的,当中原地区仰韶文化的彩陶衰落以后,马家窑文化的彩陶又延续发展数百年,将彩陶文化推向了前所未有的高度。它继承了仰韶文化庙底沟类型爽朗的风格,但表现更为精细,形成了典丽、古朴、大器、浑厚的艺术风格,成为世界彩陶发展史上无与伦比的奇观。

马家窑文化彩陶的器型丰富多样,主要有瓮、罐、壶、瓶、盆、钵、碗以及带流锅等。大多以泥条盘筑法成型,多以细腻光洁的泥质橙黄陶为主。与黄河中下游、长江流域及辽西地区等地的新石器时代中晚期文化中的彩陶在陶器的某一部位施彩不同,马家窑文化的彩陶则是在陶器的表面通体施以彩绘,显得格外美观。许多器物的口沿、外壁和大口器的内壁都施以彩绘,花纹全部为黑色,纹饰以几何形花纹为主,常以弧边三角、直线、圆点等花纹相互组合,构成动感较强、极具韵律的垂帐纹、水波纹、同心圆纹、重叠三角纹、漩涡纹、蛙纹和变体鸟纹等,构图富丽明快,线条流畅多变。马家窑文化的早期彩陶,以纯黑彩绘花纹为主;中期使用纯黑彩和黑、红二彩相间绘制花纹,晚期多以黑、红二彩并用绘制花纹。彩陶的大量生产,说明这一时期制陶的社会分工早已专业化,出现了专门的制陶工匠师。而在许多马家窑文化遗存中,考古专家们发现了窑场、陶窑、颜料以及研磨颜料的石板、调色陶碟等。这样的存在,再次证明马家窑陶器制作的专业化。

历经沧桑的马家窑文化留下了马家窑、半山、马厂等类型和齐家文化、辛店文化以及寺洼文化等遗存,同时也形成了自己的文化特征。今天的人们,一般按照马家窑、半山和马厂三个类型分别代表三个不同的发展时期。

半山类型因首次在临夏州广河县南山乡半山村发现而得名。它继马家窑类型之后发展起来，分布于陇西河谷和盆地、河西走廊以及青海东北部。半山彩陶造型宽厚，纹饰繁密，是马家窑文化繁荣与兴盛的标志。半山彩绘主要以黑红两种相间的锯齿纹构成各种图案，常见的有漩涡纹、水波纹、葫芦纹、菱形纹、网格纹等，夹砂陶肩部多饰附加堆纹。

与"彩陶王国"乐都柳湾隔着大通河遥向互望的，是发现于青海民和县马厂的马厂类型，它是马家窑文化序列最后一个类型。马厂彩陶多为泥质红陶，表面常涂一层红色陶衣，体型基本脱胎于半山类型。马厂罐体型上长下短，腹部上移，耳部变大，以撇口短颈高腹小底罐为其特色。彩绘用黑、红两色，以四大圆圈为典型纹饰，另外还有蛙纹、回纹、几何纹、波折纹等。较之马家窑、半山类型彩陶，马厂彩陶制造粗糙，纹饰简单，往往以抽象化的简单图形表现想象中的具体实物，由此可见马家窑文化逐渐衰退。马厂类型晚期出现的菱形纹、编织纹，与后面的齐家文化彩陶纹饰相近。

马家窑文化不仅包含着史前时期众多神秘的社会信息、文化信息，同时也创造了神奇丰富的史前"中国画"。彩陶是中国文化之根，绘画之源。马家窑文化折射出了中华先民在远古时代所达到的多项文化成就，成为新石器时期华夏文明晨曦中最绚丽的霞光。

七

王母瑶池穆王骏，昆仑当是玉世界。

踯起齐家西北隅，遥与龙山竞光彩。

遗址初现古河州，爝火点点甘陕青。

制陶冶铜特色具，怜人最是玉玲珑。

齐家亦当文明曙，地劈天开创造始。

电光一刹风雷动，绵延泽被夏禹世。

这是郑欣淼先生《玉路歌》中的一段。接下来的时间，让我们一起领略华夏文明曙光中光芒四射的齐家文化。

当安特生走过临夏州广河县排子坪乡齐家坪村洮河西岸二级台地上的时候，齐家文化走向了世人。1943 年，著名考古学家夏鼐先生到此发掘调查。他考证到，齐家坪遗址是晚于仰韶文化遗存的另一种不同于仰韶文化系统的文化遗存，是新石器时代晚期至青铜时代早期的文化，应该是和夏代文化同时甚至稍早的一个古国的文化，早期年代约为前 2000 年。

关于齐家文化的渊源，目前存在着不同的看法。有人认为上承马家窑文化，是马厂类型的继续和发展；有人认为是常山下层文化的继续与发展；有人认为是独立发展而成；也有人认为马家窑文化发展到马厂类型后分为东西两支，一支发展为河西的四坝文化，一支发展为齐家文化。

齐家文化主要分布在黄河上游地区甘肃、青海境内。易华认为，齐家文化发现后的 90 多年来，在甘、青两省发现的齐家文化遗址累计达1000 多处。齐家文化分布区的生态多样性，为孕育或接受文化多样性提供了条件，自然可能成为中国历史文化的核心区。叶舒宪认为，在黄河上游

马家窑彩陶陈列 |

的马家窑文化之后，出现了延续大约600年的西北史前文化齐家文化。它的延续时间超过了秦、汉、三国、西晋历史总和，大体相当于元、明、清三代时间之和。如此繁盛、持久的史前文化，必然与中原文化产生密切联系。

提到齐家文化，你自然会想到那座皇娘娘台。没错，学界根据地区和文化特色的不同，一般把齐家文化分为七里墩类型、秦魏家类型和皇娘娘台类型三个类型。在此前皇娘娘台的行走和叙述中，我们没有过多的铺陈。这一点，你应该理解。虽然，今天在甘肃的齐家文化最大的遗存莫过于皇娘娘台，但是因为齐家文化首先发现于临夏广河的齐家坪，这里还建有全国唯一的齐家文化博物馆。我们对齐家文化的探索与了解亦然选择在这里。

同皇娘娘台遗址的发现一样，齐家文化最有特点的房屋建筑是"白灰面居室"。他们在房内地面及墙壁下部抹一层白石灰面，用于隔潮，这在建筑史上确实是一大进步。专家告诉人们，一旦发现有石灰层的遗址，就能确定为齐家文化住地。齐家文化遗址发现的房屋遗迹中有很多居住面上的白灰面延伸到竖穴上，半地穴房屋和平地起建的房屋的四壁与居住面也同时用白灰面和草泥土构成。有的遗址还发现居住面上有两层或多层白灰面的现象，间距一般为5厘米左右，下层白灰面较厚，上层较薄。这种现象可能是原有居住面损坏后，在上面又用草泥土填平，再敷一层白灰面的痕迹。

齐家文化的墓葬距今发现有800多座，大都是氏族部落的公共墓地。齐家文化的墓葬形制以竖穴土坑墓为主，多呈长方形或圆角长方形，墓壁垂直平正，墓坑大小不一，最大的墓坑长达3米。葬具不甚普遍，在永靖大河庄墓葬的人骨架上发现布纹的痕迹，说明死者是穿衣而葬的，还有的头部用一块布遮盖。齐家文化的葬式有单人葬和合葬两种，这在之前的皇娘娘台遗址发现中已经说明过这一点，说明当时男子在社会上居于统治地位，女子降至从属和被奴役的地位，同时又反映了婚姻形态已由偶婚过渡到一夫一妻制。在齐家坪遗址，考古学者分别发现了 8 人和 13 人同坑墓，内仰身者似为墓主。其余人的骨架有的有头无身，有的头骨和躯体分别埋葬，也有的三四个头骨放在一起。对这类现象，学者们做出了两种解释，一种认为是墓主人的殉葬者，一种认为是当时日趋频繁的部落战争的受害者。这样的葬式，说明在齐家文化时期，氏族社会正在崩溃，并开始了向奴隶社会的过渡。

齐家文化的随葬品一般为陶器、石器、玉器、铜器、骨器等，也有的用猪、羊下颚骨随葬的。陶器是主要的随葬物。一般放在死者的脚下方，少数放在头部或背部附近。随葬品数量不等，或多或少。随葬物数量的差别，显示了墓主的贫富差别，说明了齐家文化中原始的贫富均等的状态已经被打破，产生了私有制，出现了阶级分化。

齐家文化的经济生活以原始农业为主，种植粟等农作物，人们过着比较稳定的定居生活。生产工具主要是石器和骨器，有石镰、石刀、石斧、石磨盘、石磨棒、石杵等。

齐家文化的畜牧业相当发达，饲养的家畜有猪、羊、狗、牛、马等，六畜基本齐全，其中养猪业最为兴旺。从出土的野生动物骨骼可知，鼬、鹿、狍等是当时狩猎的主要对象。

而以制陶、纺织及冶铜业为代表的手工业也发展到了一定的水平。齐家文化的陶器独具特色，主要有泥制红陶和夹砂红褐陶，还有少量的灰陶和泥制彩陶。陶器多系手制，一般采用泥条盘筑法。陶器多为素陶，胎质精细，器形多样，还发现有陶鼓、陶铃、陶埙等乐器及各种动物雕塑像。齐家文化陶器造型艺术极佳，每件都是巧夺天工的工艺品，有供观赏的三耳罐、两连罐、三足规、盆、鬲等，还有小巧玲珑的小撇口罐等，还有造型逼真的鸟形壶、曾形罐等。这些陶器造型优美精细，既能观赏且又实用。齐家文化的陶器颈、肩、腹、底转折齐正，给人以简洁明快的审美感，这可能是从逐渐进入齐家文化生活的铜器的坚硬中，人们琢磨到了力度的快感。

"综合上述数种特点，可知过渡期之民族，其生存之道，大都仰给农业。村落遗址之广阔，文化层之深厚，凡此皆示其居住之悠久。设非务农为本，则殊难以自存。且陶器上之绳纹及格纹，则示当日有纺织植物之培养。村落遗址豕骨之多，则示当日蓄豕之繁。此等施设，若非农业之社会，当不克维持者也。"安特生如是说。

齐家民族是一个顶天立地的民族，曾是中国西部的一个巨人。光辉灿烂的齐家文化统领着西部这块广袤的地域，在新石器晚期延续 1000 年左右后由盛转衰，继之而起的是火烧沟文化及年代稍晚的辛店文化和寺洼文化。齐家文化的发现，是考古界、史学界的重大事件。它又一次把黄土高原的人类史推到了 4300 年前，证明了这一带从那时起就有人类活动，并创造了灿烂的史前文化。黄土高原和中原黄河流域、长江流域一样是中华民族重要的发祥地。

八

说齐家文化，不能不说铜。

因为 4000 多年前人类远古艺术精华的齐家文化，被专家学者视为中国青铜文化产生和发展的重要源头。齐家文化，是中国最早的青铜文化。

齐家文化晚于仰韶或马家窑文化，早于四坝、卡约、辛店文化，绝对年代约为距今 4100—3700 年。从考古学角度看，齐家文化是新石器时代到青铜时代的过渡文化，有人称之为铜石并用文化。其实铜石并用时代又称红铜时代，是指介于新石器时代和青铜时代之间的过渡时期。红铜、砷铜或青铜在四千年前左右几乎同时出现在齐家文化中，数以百计的铜器不仅证明齐家文化进入了青铜时代，而且表明中国没有红铜时代或铜石并用时代。齐家文化，标志着中国直接进入了青铜时代。

有学者统计，齐家文化出土铜器的遗址至少有15处，总数已超过200件，器型包括刀、斧、锥、钻、匕首、指环、手镯、铜泡、铜镜等，其中以工具为主，装饰品次之。其中齐家坪遗址出土的铜斧，是齐家文化铜器中最大的一件标本；出土的一面铜镜，是中国最早的铜镜。

说起齐家文化，不能不提及二里头文化。在之前的叙述中，我们提到二里头文化，在那里发现了中国最早的宫殿遗址，专家认为距今约4000年至3600年。相当多的学者认定二里头文化就是夏文化。夏商周断代工程开展以来，学者们重新测定了二里头文化的年代，比原来宣称的晚了约200年。有学者就问了，如果说二里头文化是夏文化，也只能是夏晚期或末期文化。那么，夏代早期的文化遗址在哪儿？它是怎样产生的？与二里头文化有着怎样的关系？

围绕铜、玉那些出土的文物，学者们在寻找着与二里头文化有相关的信息。龙山文化中没有发现比二里头更早的铜镜，铜镜显然不是东方文化传统，其源头只能是西北或西方。二里头遗址二期出土的环首青铜刀与甘肃康乐商罐地遗址采集的环首刀相似。青海西宁沈那铜矛横空出世，是塞伊玛——图比诺青铜兵器东进的极好例证。河南省淅川下王岗遗址考古发掘出土了4件铜矛，与沈那遗址采集铜矛形制一致。铜铃见于陶寺和二里头，共四枚，而青海大通黄家寨遗址齐家文化晚期地层中出土一大四小共五枚铜铃。二里头玉舌铜铃和铜牌、玉刀等同出，很可能是巫或萨满的法器。新疆洋海墓地亦出土萨满法器铜铃，这正是北方游牧民族的文化传统，留传到了当代。还有二里头文化标志性的绿松石铜牌，亦见于齐家文化。由此以来，专家们观察到，二里头文化，可能和齐家文化有关。

专家们还发现，齐家文化与二里头文化青铜器数量和质量相当，表明齐家文化已进入了青铜时代，而且是已知东亚最早的青铜文化。龙山文化晚期或末期遗址中偶有青铜踪迹，但其绝对年代不可能早过齐家文化。因此，中国境内比二里头文化更早的青铜时代文化只有齐家文化。

与此同时，专家们分析，夏商统治的中心地区缺铅少锡，铜锭亦来自周边。二里头、二里岗和殷墟都只是青铜的铸造中心。在齐家文化主要存在的公元前2100至前1700年，出现大量的青铜与牛、羊等动物骨骼，这与公元前2000年以后，西亚、中亚、东亚之间存在的西东文化交流的"青铜之路"是相吻合的。在这条路上，不止传播了青铜技术和青铜器，而且包括牛、马、羊等众多的物资、技术和观念。

在这条路上，齐家文化是一个中继站。

站在齐家文化的方向看中原，同样曾经存在着许多的疑惑和谜团：进入青铜器时代以后，齐家坪人却突然销声匿迹了。专家们猜测，他们顺黄河而下去了中原？还是被外族驱赶远去了中亚？还是在黄土高原一直繁衍了下去？

易华先生参与中华文明探源工程10余年，他从冶金考古学、植物考古学、动物考古学来证明二里头文化与齐家文化的同质性：五谷丰登、六畜兴旺，二者均进入了青铜时代，物质生活相同，且技术水平相当。它们都用骨占卜决策，还使用同样的陶盉、石磬、玉璧、大玉刀等礼器，说明有相同的意识形态或精神生活。对比发现，二里头文化是在龙山文化基础上兴起的青铜时代文化，受到了齐家文化的巨大影响。二里头文化只可能是夏代晚期文化，比二里头文化更早的青铜文化是齐家文化。

走过"玉帛之路"，叶舒宪、易华、刘学堂等专家学者们更加自信地认为：远在西北的齐家文化与中原的二里头文化之间有着密切的关系。齐家文化以青海、甘肃、宁夏为中心，分布到了陕西、内蒙古，影响到了河南、山西二里头文化核心区；二里头文化以河南、山西为中心，也分布到了陕西、内蒙古，亦影响到了甘青齐家文化核心区。如果二里头文化是夏文化，齐家文化就是夏早期文化；如果二里头文化是商文化，齐家文化也可能是夏文化。

齐家文化是向夏文化过渡时期的文化，它开启了二里头、殷墟文化传统，奠定了中国文化的基调。

而发生这一切的根源，最大的可能性在于迁徙。

九

说齐家文化，更不能不说玉。

齐家玉器是齐家文化的重要组成部分。专家说，批量生产和使用玉礼器是齐家文化的突出特色。它和后来发现的陕北石峁文化都是"西玉东输"黄河沿岸的重要史前方国，是文学人类学一派追寻的中国文化"大传统"最重要的案例据点。

安特生对甘肃新石器晚期的玉器很是惊奇。他说，"最足引人注意者，莫如仰韶期之墓地中，发现曾琢磨之玉片及玉瑗数件，其形质吾人常认为来自新疆和阗者也。解说者谓甘肃石铜器时代过渡期之民族，与新疆似有贸易上之联络，但就吾人所知，仰韶期之民族，缺乏金属，则彼等竟能作脆薄如瑗、坚靭如玉之器物，宁不足怪也。"

叶舒宪在《河西走廊与华夏文明》一书中提到，上古时期，从西域到中原，特别是从昆仑山到中原存在着文化的交流与互动。而在此期间出土的大量的玉器本身的材质与器形研究，已经显示"玉石之路"的存在。

　　和田玉从昆仑山出发，经过甘肃中部向东，经宁夏、陕西北部、山西南部来到了黄河流域。而这条路，无疑与黄河形成相同的"几"字形吻合。在遥远的时代，和田玉通过部落的交换和中转最终到达中原腹地。这条道路，比举世闻名的"丝绸之路"要早2000多年，它不仅为中原地区带来了精美的和田玉，同时也是中原文化和西域文化交流的通道，为"丝绸之路"的开通奠定了基础。

　　随着黄河上游、中游齐家文化遗址的考古发现，一条齐家文化时代向中原输送美玉原料的"玉石之路"逐渐显现出大概的轮廓。叶舒宪先生推测，当年的运玉之路主要分为水路和陆路。水路以黄河及洮河、渭河为主，陆路则几乎贯通了整个甘肃。

　　研究和了解这条远古的文化通道，齐家文化是绕不开的一个支点。

　　孕育于这条远古通道上的齐家文化墓葬里，出现了大量独具特色、制作精致、表明等级身份的特殊器具——玉器。专家认为，齐家人除了大量磨制石斧、石刀、石镰、石锛和骨铲等，还选用硬度较高的玉料来制作玉铲、玉锛、玉凿等小巧精致、刃口锋利的工具，实践中发明的切割、钻孔、磨光等技术广泛应用，日益精湛。在这个基础上，一种专门用于祭祀天地神灵及祖先的琮、璧、璜、环、钺等玉礼器产生，并独立

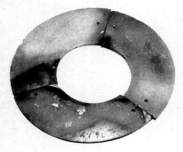

| 积石山出土的齐家文化白玉璜

齐家文化出土的玉铲 |

存在。出土文物证实，玉礼器之前，是石礼器。齐家人并没有将石头同玉分裂开，"石之精华者为玉"，他们在制作礼器过程中发现了"玉"这种坚硬而纯粹的石头，并寻觅到祁连山、阿尔金山、昆仑山等山系的玉石，最终采摘到玉石中的精华——和田玉。从某种意义上来说，齐家文化崇玉的风气就是对"禹会诸侯于涂山，执玉帛者万国"的最好注解和呼应。

在甘肃省博物馆玉器展柜中，有一件齐家坪出土的玉琮，致密温润，古朴素雅。有学者将此与王羲之的书法、顾恺之的画、宋代的白瓷、陶潜的诗相媲美。

1984 年，甘肃静宁县治平乡后柳沟村民挖出一个齐家文化祭祀坑，出土三璧、四琮。三璧质地近于和田青玉，尺幅大而罕见；四琮质地近于和田青绿玉。其中蚕节纹青绿玉琮最为珍贵，1996 年，国家文物鉴定委员会专家组把该琮确认为国宝，杨伯达先生说它是"齐家文化最优秀的玉琮"，并把这批玉器称为"静宁齐家七宝"。这种以琮、璧为组合的特征，与"六瑞"达神通灵的传统有着怎样的联系？苍璧以礼天，黄琮以礼地。"静宁齐家七宝"应是沟通神灵、祭祀天地及祖先的瑞玉，是用作宗教或巫术的法器。

在临夏州永靖县，有几处重要的齐家文化遗址。莲花乡的秦魏家村是秦魏家遗址。与秦魏家遗址隔沟相望的，是大何庄遗址。可惜，这两处遗址已经被刘家峡水库永远淹没。在临夏博物馆，除了大量的陶器外，还有祭祀礼器，如一件青玉琮，玉质较好，做工古朴，具有较高的文化价值。几件玉璧，玉料大多为地方玉，玉质一般，沁色较深。一件深绿色玉钺，器型规整，代表了史前墓葬主人较高的身份特征。

当"玉帛之路"考察团的成员走进永靖县时，得到了另一个关于齐家文化遗址的信息。队员们兴奋地改坐快艇，通过水路前往黄河边上去

| 临夏出土的齐家文化玉凿　　　　　　　　　齐家文化出土的玉琮 |

寻访王家坡村。这一段水路，是此次考察团行程中唯一的水路行走。但它在某种象征意义上已经在暗示着一个不可否认的推测与事实：昔日的"玉帛之路"或许更多的是水路行进。

弃舟登岸，走在沙滩上，"玉帛之路"考察团的成员马上发现了典型的齐家文化红陶片，发现了石器工具，还从当地的农民手中收集到一些齐家文化的玉璧残片、黑色陶环。大家十分兴奋，慷慨收购。因为这是考察活动启动以来的十多天时间里，大家第一次亲手接触到的能够属于自己的齐家玉，而且是在黄河岸边的齐家文化遗址上采集到的史前玉石器标本。

乘船飞驰在黄河水上，叶舒宪一直在思考着黄河与玉的玄机。他说，黄河两岸，从上游到中游，自己竟然一而再，再而三地邂逅史前文化玉器。这对于"玉帛之路"的研究，究竟意味着什么？也许，在这位学者的眼前，有苍茫的水岸，有载着重重的玉石的筏子。那些象征财富、王权的具有灵性的石头，或顺水而下，或逆流而上，一站一站，缓缓流向中原⋯⋯

在临洮寻玉，不能不想起马衔山玉矿。2012 年，由古方、张鹏等人组成的科考队在临洮进行了考察调研。考察结果发现，马衔山玉矿玉料成分为透闪石，含量最高为 80%，属于古人心目中的"真玉"。颜色主要为黄绿或灰绿色，大部分不透明，质量最佳者为韭黄色透明度较高的玉料。马衔山玉料形状分山料和水料，但块度都不大，现代工艺价值较低，但不排除远古时代曾大规模开采，以致现代玉矿资源枯竭。通过对马衔山周边地区博物馆和民间收藏界史前玉器的调查，其玉料存在着一致性，可以肯定该地点的玉料是齐家文化玉器原料来源之一。类似马衔山玉料的齐家文化玉器，在甘肃东部地区也有发现，说明在距今4000年的"玉石之路"上不仅仅输送的是和田玉，也包括了甘肃地区出产的玉料。这一考察成果，同样说明着一个问题，走在"玉帛之路"上的玉们，不单单是新疆和田玉，甘肃一带同样是玉石资源的所在地和集散地。用叶舒宪教授的话来说，在中国，县级城市大约有2800个。但在甘肃，随便走进一个县，例如以齐家文化闻名的广河县，进去随便拿相机一拍，4000年前的玉器堆积如山。这个景象，在其他地方是不可思议的。

马家窑彩陶和齐家文化玉器是人类艺术和文明的先驱。齐家古玉中，虽以地方马衔山玉为主，但也可看到很多新疆产的和田玉料。在定西地区，发现了曾经加工古玉的窑址，一些半成品、原料，都是出自废弃多年的窑址。

孙海芳在一篇文章里这样写道，那一块块齐家玉，在四千年的岁月里，像一条事不关己的河流，缓缓而过。城市，财富，王权，得失，在岁月里不堪一击。而玉，却在时间的沉淀里源远流长。

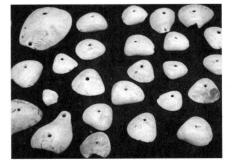

齐家玉世界

十

总是要告别。2014年7月26日上午10时55分，你再次归队，在定西市香泉镇的云山村，和考察团成员唱响云山谣，结束了为期 16 天的"玉帛之路"考察活动。

总是要思考。在别离之后的日子里，"玉帛"一直是一个温馨美丽的词，总在不经意间掀起内心的温柔。而那条"玉帛之路"，一直在地图上，在华夏历史的纪年表里，在笔下，在眼前，在心里……

透过这洋洋十多万字的格玉之研究，人们可以清晰地看到一个玉的格局所在。叶舒宪教授将史前用玉"多点开花"格局向中原国家用玉"一点独大"格局的转变过程，概括为先有"北玉南传""东玉西传"，后有"西玉东输"的两阶段过程。他说，前一阶段在距今四千年前基本完成，以玉礼器文化自东向西传播，进入河西走廊为标志；后一阶段则以距今四千年为开端，通过齐家文化和中原龙山文化的互动，将西北地区的新疆和田玉及甘青地区的祁连玉源源不断地输送中原。

在那文明诞生的前夜，中原地区的玉礼器技术和体系，在"东玉西传"中影响到了齐家文化玉器生产；在"西玉东输"的过程中，产生了齐家文化玉器。齐家玉器，又通过继续的"西玉东输"，和中原二里头文化玉器发生了关系。

他们的交汇时间，就在距今 4000 年之际。那时，正是夏文化发展为华夏第一王朝的年代。他们的交汇地点，应该是齐家文化所在的核心区。

叶舒宪对此进行着深入的研究。他认为，玉石神话信仰驱动华夏文

│昔日古谣遗址 今日良田沃野

在定西举行玉帛之路考察活动闭幕式│

明传播,其大致的传播路线是,先北方,后南方,最后进入中原。第一波为"北玉南传",第二波为"东玉西传"。在此过程中,西北的齐家文化起到了重要的推动作用。一方面,齐家

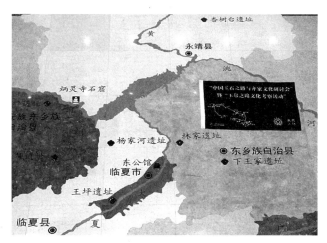

诗的创意:考察团的旗帜飘过齐家文化遗址

文化接受了来自东方的玉器崇拜观念,大量生产以玉璧、玉琮、玉刀为主的玉礼器,成为夏、商、周三代玉礼器的重要源头;另一方面,齐家文化因占据河西走廊的特殊地理位置,开始将新疆和田玉输入中原地区,开启商、周两代统治者崇拜和田玉的先河。自此以后,遥远的新疆就成为中原华夏王权不可或缺的战略资源供应地。从河西走廊的齐家文化玉器到中原史前玉器的关联性,可以看到中国文化东部板块与西部板块千百年来凝聚为一体的关键要素。对豫、晋、陕、甘、宁、青、新七省区的"玉石之路"的调查和研究,可阐明夏、商、周三代王室用玉资源的由来,可解释为什么万里以外的和田玉能成为中国历代帝王所一致推崇的意识形态符号,这将是中华文明起源研究的重要组成部分。

从石峁向西约 700 公里,有甘肃武威皇娘娘台齐家文化遗址,那是河西走廊的腹地;从石峁向西南约 700 公里,有青海民和喇家遗址,那里是黄河上游地区。可以推测,距今 5000 年至 4300 年之际,在黄河东岸谷地缓慢形成的玉礼器文化,在山西襄汾陶寺文化衰亡后转移或传播到黄河西岸,然后北上经过河套地区石峁古城文化的发育,于 4300

年前形成以大件的玉璋和玉刀为主导器形的玉礼器新体系。之后，这样的玉文化再度向西北和南方传播，直接影响到后来的齐家文化玉器与二里头文化玉器。

华夏的史前先民为什么会在不同地域中不约而同地生产和使用非实用亦非装饰性的玉礼器？这不是一个纯粹的技术问题，而是观念或意识形态的问题。这样的分析只能说明一个问题：在中华文明的少儿时期，玉石就已经做为一种无可替代的文化标志进入庞大华夏文明最古老的血液之中。从那时开始，中国的玉文化就完美融合于中华文明史。

玉石，这种独一无二的文化基因，使得中华文明绵延千年而不绝。

玉思：
玉帛绵绵续春秋

千年丝路远，万里亲缘长。

2013 年 9 月，《务实合作 亚洲起飞》的宣言中这样结尾道，让我们牵着手，飞越高山和大洋。我们即将见到的，是前所未有的图景。没有障碍，没有疑虑。一如我们的前辈，以勇气和力量，在人类文明历史上创造新的奇迹！

从哪里来，到哪里去？历史是现实的根源。没有对历史的思考性寻找，就没有对未来的选择性思考。无来，无不来；无去，无不去。

理解了过去，也将会把握住未来。沿着"玉帛之路"的寻找，你会看到光明的去处，你我会创造新的奇迹。

其实，寻找玉的意义，就是在著写着一部贯通古今的"春秋大义"。

《春秋大义》的作者辜鸿铭说："要懂得真正的中国人和中国文明，那个人必须是深沉的、博大的和纯朴的。因为中国人性格和中国文明的三大特征，正是深沉、博大和纯朴。还应补上一条，而且是最重要的一条，那就是灵敏。"

深沉、博大、纯朴、灵敏，这是玉的品格，亦是华夏文明的核心价值。

一

水尝无华，相荡乃成涟漪；石本无火，相撞而发灵光。

有句话说，人生如旅。一段旅途就是一种浓缩的人生。走过"玉帛之路"，收获了的，不仅是"涨"了知识，开了眼界。你说过，那开拓了的，有文化的格局，精神的格局，更有自身修为的格局，价值的格局。

"我嗒嗒的马蹄是个美丽的错误。我不是归人，是过客。"昨天的"玉帛之路"上不知道有没有宿命中的你，属于今天而必将仍然要属于明天的"玉帛之路"上肯定有你。你在路上叩问着属于大地的秘密，欣赏着历史的风景。而你，仍然是过客，仍然是这条道路上的一道风景。不管是为了怎样的目的，在真实与缥缈之间，至少曾经来过，且定然美丽。

是的，这是一条发现之路、交流之路、探源之路，是学术领域的拓展之路，是华夏文明的复兴之路，是精神本源的探寻之路。

｜ 畅想生命之水的来来去去

一路沟通，一路交流。一路徜徉，一路穿越。每一件器物都是一部绵长的历史，每一种形态都是一段美丽生动的文化交融故事。幽幽诉说着遥远岁月里，经过交流的传奇故事。

"丝绸之路是一条概念之路。没有路牌，什么也没有，它的概念也是在不断地变化过程中。"纪录片《丝路，新起点的开始》的总导演李文举曾经说："丝绸之路是历史文化积淀之路，蕴藏着讲不完的故事。我们通过讲述故事，寻找丝绸之路最本质的精神力量。同时，又是对古老丝路的新解读、新发现。"

其实，在你具有"文化格局"的概念中，你是最清楚不过的。有一条路，就在那里。她的名字只是一个符号，而一以贯之的是一种精神、理念和核心价值观。这就是佛家常说的不要存在分别心的意思。"青铜之路""彩陶之路""佛教之路""茶叶之路""玉帛之路"等等，这样的命题显然已经超越了"路"的地理交通和"物质"的范畴。厚德载物。一切物质或文化，必将要依靠人的力量，依附于人而才会将价值变成可能。物质也罢，文化也罢，人的脚步走到哪里，它们才会行走到哪里。

心有多远，路有多远。唯其深，不足以测；唯其大，不足以容；唯其纯，不足以名；唯其灵，不足以定。

这就是在"丝绸之路"上漂流了数千年的玉和帛。

从田野到城市，永远要带着希望上路。

二

兔走乌飞疾若驰，百年世事总依稀。

累朝富贵三更梦，历代君王一局棋。

禹定九州汤受业，秦吞六国汉登基。

百年光景无多日，昼夜追欢还是迟。

一部华夏文明史，同样是一枚来自史前的古玉走过汉唐、走过宋元的历史。

在神秘的东方，华夏先民们迎来了华夏远古历史的第一缕曙光。在那曙光的映照下，恢宏的历史长卷舒缓展开，悠远而绵长，博大而精深。当历史遗存的记忆渐行渐远的时候，玉，便成为揭开华夏文明神秘面纱的"DNA"。

帕米尔高原、昆仑山、阿尔金山和祁连山，从西向东一直伸展到秦岭，成为华夏大地的主脊梁。这道脊梁，孕育了中国极品美玉，并且在很早时候就形成了核心价值观。随着历史的演进，这样的价值观历久而弥新，苦寒而生香。

距今5000年前，地球上正孕育着人类最早的文明。在古老的中国，那是一个没有文字记载的时代。而兴隆洼的白色玉玦，已经在8000年的想象和传说中变成了真实的记忆。

持续500余年的春秋战国时代，是落后的奴隶制瓦解、先进的封建制度孕育成长的社会大变革时期。伴随着"百家争鸣"，"君子比德于玉""君子无故，玉不去身"的礼仪从齐鲁大地上开始发育，成为规范那个时代秩序的礼仪之器，成为中华民族思想的典范。君子佩玉、刀剑用玉、革带用玉一时盛行。除了常见的琮、璜、璧、镯、环、剑饰、佩饰等玉器外，玉璧、龙形佩饰、玉带钩、玉玺以及各种葬玉频频出现。

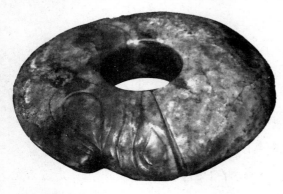

| 齐家文化古玉龙

在中华五千年文明的萌芽时期，当人类的陶器文明时代正要落下帷幕，而青铜尚未发出光泽的那段时代，玉器已经进入了人们的生活。在那个时代，青铜器是地位的象征，贝币是财

富的象征。那么，玉器莫不是君子
的象征？穿越过一个个遥远的墓
葬，青铜已经变形，有些已经溶
化，而玉依然是那样的光鲜。

周王朝是继殷商之后的一个强
大奴隶制国家。周朝重要法规《周
礼》赋予玉以德的理想和内涵，向
着礼仪性玉器方向发展，并最终开
辟了玉器"道德化""宗教化"

商代玉龙 |

"政治化"的新时代，奠定了后世以《周礼》为古玉研究的理论基础。

"秦王扫六合，虎视何雄哉！"秦灭六国，成帝业，建立了空前强大
的中央集权的封建帝国。伴随着大秦帝国气吞八荒气概的，是块头硕
大、雕饰豪放、品种繁多、技艺精湛的玉器。

在新石器时代，死者口中含有玉器，称之为口含。后来，逐渐发展
到堵塞七窍，之后又用玉石覆盖面部。直到最后，用玉堵上死者的九
窍。更甚者，用玉衣将尸体包裹起来。那时的人们相信，尸体不休，灵
魂才会有所依托。玉，和人的永生有着某种神秘的联系。汉代中山国刘
胜王的墓葬中出土的玉衣，共有 2498 片玉块。金缕玉衣，工艺精度之
高令人惊讶。要知道，一件金缕玉衣，要耗尽一个普通玉工十多年的精
力。而汉书上记载，汉朝中央政府成立了一个非常特殊的机构——东
园，它的职责就是专门负责制作贵族下葬时的陪葬品，这些物品被称为
东园秘器。有专家认为，玉衣也是由东园制作的。

"丝绸之路"和"玉石之路"异名同道。当道路的控制权第一次被
一个强大的中原王朝所掌握时，和田玉料在东汉时期源源不断地注入中
原，成为中国历代王朝中最美的典范。使得之后 2000 年的历代王朝中，

没有一个时代的美玉在精神领域中超载其上。

隋唐时期，长安成为国际性都市。资料记载，唐高祖李渊始，实行腰带等级制。二品以上可用玉带，三品者可佩戴镶金玉带，其他官员只能使用铁银等腰带。生前决定身后名。唐朝出土的玉器中，开始出现了新型饰件和表示官阶高下的玉带饰物。

玉，还是王朝强大与否的象征。"安史之乱"后，吐蕃占领了河西，曾经的"玉石之路"彻底断绝。望玉欲绝的结果，便是大唐天子的墓葬中只能出现琉璃做成的玉璧或者汉白石制作的劣质的圭。实用的玉带见证了唐的兴盛，作为礼器的石册见证了唐的衰亡。

与此同时，大唐之玉逐渐失去原有的神秘色彩，而更多了一份功利的实用性。随着更多的平民使用玉器，出现了大量的花鸟、人物饰纹，器物也散发出浓厚的生活气息和实用价值。当玉石不再是神的圣物也不是皇家特权的象征时，唐朝进入了民玉时代。

宋元以来，用于实用和装饰的玉器占据了重要地位。与祭器典章文物相对而言，被称之为"玩物"。由于南北割据和受不同民族文化的影响，玉器更多地融入了本民族的生存意识和乡土感情。由于道教盛行，理学泛滥，以神龟、仙鹤、龙凤等为题材的玉雕在宋代频繁出现。

｜青白玉唐马　　　　　｜唐白玉马　　　　　唐代金包玉马｜

明建初期，西域诸国视明朝为上邦之国，进贡和田玉。明朝回馈他们瓷器和茶叶。在这其间，哈密是最重要的一道屏障。当边疆危机时，蹲在豹房里淫乐的明朝正德皇帝表现出了一种英雄的担当，亲自率队赴哈密征服吐鲁番。可是最终没有收复，"丝绸之路"中断了，玉石之源也丢弃了。收缩性的防守就停留在了嘉峪关。

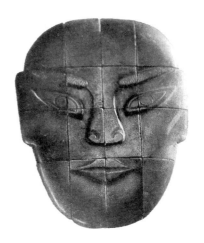

辽代玉面具

康熙来了，他提出了废弃长城的战略，他打破了华夷有别之说，建立了一个大一统的中国。史书上说，他的孙子乾隆直驱准噶尔，很可能来自于乾隆内心深处对和田玉的偏爱，因此而发动了对新疆的战争。乾隆盛世以玉质之佳、琢工之精、器形之美、产量之高、品种之多、用途之广，达到玉文化的巅峰。他命人登上海拔4000多米数千年的玉矿高山，采集5吨多重的绝世大玉，制造体量空前的玉器。人们猜测，乾隆大帝与其在采玉，胜如向天下人标榜着

齐家文化凤鸟纹钺

齐家文化古玉刀

康乾盛世的气势。一块玉，成了疆域稳定、国力强盛的象征之物。

古来多少英雄汉，南北山头卧土泥。许多的东西都将在谈笑间灰飞烟灭。但那玉，一直是国家大事，宫室之宝，百姓之藏。

林沄先生在《说玉》一文中提到，古代国家形成的历史，一部分也许就隐藏在新石器时代玉斧玉钺的背后。现在，也许已经到了我们绕道玉斧玉钺背后看历史的时刻了。

这就是玉，和玉给人们带来的思考。

三

"道之为物，惟恍惟惚。惚兮恍兮，其中有象；恍兮惚兮，其中有物。"这是世人追逐了数千年的"道"。面对着生命之外许多可知不可知的物象，红尘中的人们，在生生死死的轮回中慢慢捕捉着、感受着、认知着、体悟着……

人类的童年是那样的漫长。几千年、几万年、几亿年，无法说清。在那漫长的童年里，伴随着他们成长的，有多少的希望、多少的困惑、多少的灾难和由此带来的多少恐惧、绝望和神往。

但来到了这个世上，终究要前行，终究要生活。在这种矛盾中，人们可能一直在思考着一些同样的问题：这是一个怎样的所在？是谁在主宰着这个所在的一切？我们怎样面对？我们该向哪里去？也许，他们一直在寻找着一种可以依靠的让他们不再迷茫、不再恐惧、不再无知的一种东西。那一生一世，或者说一代一代所做的事儿，用今天的语言来说，就是去努力地认识世界、改造世界。

古人不知今人事，今人难解古时月。

还是去看看8000年前的兴隆洼文化。在红山文化遗址的一座墓葬里，部落首领全身佩戴着玉做的首饰、玉冠、玉耳环、玉佩等。这是一种爱美的表现么？在那个遥远的年代，也许还没有这样的奢侈。答案也许只有一个，在那远古时代，华夏先民把玉作为一种神圣的物象来寄托着一种认识、情感或思想。这种理念的核心就是玉能通神、通天。

你已经理解，远古部落社会是政祭合一的体制。每个部落都有自己的巫，他担任着上帝与下界之间的媒介沟通，掌握着国家祭祀。每逢国家大事，总是先由巫来卜筮，向冥冥之中的天帝请求答疑解惑。那些巫本身无法与天、与神沟通。能够沟通的，是他们手中必须持着的玉。只有玉，才能完成巫的卜筮。

再回首玉格的历程，从史前时代的那块玉猪龙，到大量的玉璧、玉琮、玉圭、玉璋等玉礼器神话，从见载于典籍中的黄帝播种玉荣，到舜的母亲梦见玉雀入怀而生下贤明君主，从大禹获赐玉圭、夏启佩玉璜升天，到姜太公钓玉璜知天命、周穆王求见瑶池西王母，以至打开任何一座古代贵族墓葬，总能看到层层堆砌的各色玉器。华夏先祖对于玉石的崇拜几乎到了无以复加的程度，对于玉器的记忆与叙事总是绵绵无期，且独一无二。

美丽的石头会唱歌？玉，这种美丽的石头为什么在国人的生活中占据着如此崇高如此神圣的地位？

┃ 齐家文化神人面玉璧　　　　　　　　齐家文化四蛇纹璧 ┃

答案也许仍然只有一个，那就是玉被赋予了思想、神性、权力，成为了一种圣物。在这样的文化心理下，才会有以玉石为膜拜对象的众多行为和叙事。这样的玉，确实不再是普通的石头。

多年关注玉石研究的叶舒宪教授认为，古代中国的连续性文明，其文明演进是建立在对一项或几项战略性资源及其空间的控制基础上的。玉器时代，"玉石之路"上的那些玉，既是世俗财富的象征性资产，又是仪式性的纪念碑性玉器，同时也是先民祭祀时神圣地理空间的替代物。

在这样的叙事中，几千年的历史仿佛顷刻而变得单纯而清晰。那历史的实质性意义就在于，在意识形态，将战略性资产转变为纪念性圣物；在经济领域，因为纪念性圣物而扩大战略性资产的拥有。历史，就在这样的信仰扩散中，实现着神圣地理空间的互动。

而驱动这种文明前行的根源，就在于可知可不知的玉神话、玉教信仰。华夏先民通过玉器实现通神通天的神话梦想。然后，在这种神话世界里，脱胎出一套有关玉的信仰和礼仪传统。之后，奠定儒、道等文化小传统的精神基因。之后，成为每个中国人必不可缺的道德修养和情操。

叶舒宪说，我们将中国人对玉石神话的信仰简称为"玉教"，并将其视为华夏国家形成期的一种潜在国教。而在外来的佛教进入中国之前，能够相对统一华夏国家版图和广大人民共同信仰的，只有玉教。

通过对玉石神话信仰的考察，叶舒宪得出"玉教"传播的结论。他认为，奠定华夏文化认同基础的，正是玉石神话铸就的一整套意识形态。它的具体内容包括以玉为神、以玉为天体象征、以玉为生命永生的象征等神话观念要素，以玉祭祀神明和祖灵的巫教仪式行为；崇主礼玉的传说故事；由玉石引申出的人格理想（玉德说）和教育学习范式（切磋琢磨）；以佩玉为尚的社会规则（君子必佩玉）；围绕玉石的终极价值而形成的语言习俗：以玉为名为号；以玉为偏旁的大量汉字生产；以玉石神话为核心价值的各种成语、俗语等等。

当这些玉教信仰通过文化传播和互动作用，不仅建构起了夏商周王权国家的精神和礼仪生活，而且也成为中原以外诸多方国和地域的认同及纽带，从而形成整个中华文化认同的基本要素，形成中华文明的动力与核心价值：以玉为神，以玉为德。

叶舒宪说，玉教不成文的教义在文明时代以后的发挥有两大方面：一是如玉的人格精神，即"君子比德于玉"和"宁为玉碎"；二是和平主义的多元文化互惠理念，即"化干戈为玉帛"。

继续回到远古而来的信仰叙事上。《书·盘庚上》上记载："先王有服，恪谨天命。"史前时期，人们敬信自然；殷商时代，人们信仰天帝和天命。这时初步形成了以天帝为中心的天神系统，周代鬼神崇信进一步发展，所信仰的鬼神已形成天神、人鬼、地祇三个完整的系统。并把崇拜祖宗神灵与祭祀天地并列，称为敬天法祖。

"敬天之怒，无敢戏豫。敬天之渝，无敢驰驱。"打开《山海经》，在那有限的篇幅里，考察团的成员们每到一处，不可造次而必须纪录的是什么？是各地如何用玉祭祀天地山川和祖宗神灵。

到了东汉顺帝时，张陵在今天四川大邑县境内的鹤鸣山上创立了五斗米道，把儒家的敬天与百姓的法祖总结汇集，然后融入其他诸子的思想而创立了一个崭新的宗教——道教。这是真正意义上属于中国本土的宗教。

在道教的宫殿大厦里，最高的天神叫玉皇大帝，那是从西王母神话中升华出来的。那里的建筑，基本上是属于玉的世界。

在道教的宫殿大厦里，道者虚无之系，造化之根，神明之本，玄之又玄，一如让无数人痴迷而无法言说的神秘的玉。

我知道，你一直在想，这样的教义与之前的玉教有着怎样的联系？这样的命题，且留下书写的一片飞白。

需要思考的是，玉，为什么又会被人们赋予思想、神性、权力，成为一种圣物呢？她有哪些独特的气质和内涵呢？

道冲，而用之或不盈。

渊兮似万物之宗。

挫其锐，解其纷，和其光，同其尘。

湛兮似若存。

吾不知谁之子，象帝之先。

老子在《道德经》中如是说。

道是虚幻的，但它的作用却没有穷尽。它深邃似海、渊远无限，就好像是万物的源泉。锉掉锋芒，消除纠纷，含敛光耀，混日尘世。它又那么的空彻透明，似无还有地存在着。我不知道是谁开创了这个世界，想象是应在人类之前。

游走在《道德经》的天地里，你会分外真切地感受到一种来自天地的浩然之气，它深邃似海，清静无为，返璞归真，形神兼养，少私寡欲，正如老子一直标榜的"圣人被褐怀玉"的内敛精神。

这样的道，挫锐解纷，和光同尘，含敛光耀，而无所不在。领略和修养这样的道，不能不让人想起深藏于山、混日于世的玉。除却采玉之艰辛运玉之困苦而造就的物之稀而贵的因素外，更多的，应该还是玉之本身的品质。面对一件玉，你不能不想起她坚强的内心和外在的圆润，不能不想起她原生川野的质朴和清纯高贵的尊严，不能不想起她内敛的光芒和素朴的外相。

一片冰心在玉中，玉有剔透玲珑心。这样的物象，神秘庄严，有神话的意蕴，有道家的风范，有君子的操守，有王者的尊严。

就这样，作为大自然孕育的一种特殊物质，玉，一旦被人们寄托上某种期待和理想，就不再是单纯的物质。玉，具备了品格、神性和思想，便成为形而上的精神符号。在周而复始、不断丰富的仪式中逐渐取得文化的认同，并最终成为华夏文明中的文化因子，深深地融入炎黄子孙的血脉之中。恒久而透明。

从这样的意义上理解，中华文明的源头，确实就是玉文化的崇拜。

四

"言念君子，温其如玉。"《诗经》第一次将人和玉结合在了一起。玉从此具有了人格式的特征。阅读《诗经》，玉在远古的诗词里翩翩起舞，超然不群。

《诗经·小雅·鹤鸣》里说："他山之石，可以为错；他山之石，可以攻玉。"透过这句诗，一个伟大神奇的石器时代在我们面前呈现。走在苍茫旷野里，先民们在认识着这个世界，并虔诚地小心翼翼地尝试着改造着这个世界。通过多次的尝试、失败，再尝试，他们终于惊喜地看到，山里有一种石头，可以为"错"。"错"是什么呢？就是那种相当锋利的、尖锐的可以用来琢玉的石头。你瞧，他们拿着一块块精美的玉石，苦苦思索着、认真尝试着如何才能把它变成自己心目中所想的那种美丽的器物。当他们突然试验到有一种可以打磨、琢磨玉器的石头时，那份欣喜溢于言表。在旷野上有人奔跑着，高叫着"他山之石，可以攻玉！"或者在某块岩石前，他们用采集到的那种石头画下一幅简约的图，那上面，有石，有玉，可以为错的石在人们的手里反复攻玉。

"有匪君子，如切如磋，如琢如磨。有匪君子，充耳秀莹，如卉如星。有匪君子，如金如锡，如圭如璧。"

｜魏晋南北朝青玉舞人

读到这样的诗句，我看到了你的尴尬。是呵，这是《卫风·淇奥》的诗句。可是，这哪里像是民歌的创作？自古以来，多少文人墨客搔首捻须苦吟诗句，可真正清纯明丽的诗句又有几何？民间的风，一如山川的玉，质朴而明快，没有造作，不事雕琢。

这是怎样的一幅情景呢？眺望弯弯淇河岸，绿竹青翠叶婆娑。那文采焕发的君子呵，如切磋、琢磨后的玉器一般俊美；他们的耳垂上悬着晶莹的玉坠，鹿皮帽子上的缀玉如同星光闪烁。他们的精神如同金锡，品格如同圭璧。是啊，面对如玉的君子，"终不可谖兮"，是永远不能忘却而记在心窝窝里的人呐。

淇水真是一条富有诗意的爱河。你荡舟淇水，抑或漫步淇岸，除了能够见到那如玉的君子，还有那如玉的美人。《诗经》咏叹道："淇水在右，泉源在左，巧笑之瑳，佩玉之摊。"淇水在右边奔流，泉源在左边流淌。我遇到的美人呵，巧笑的时候露出洁白如玉的牙；走路的时候，身上挂着的配玉诗意地摇摆，显得是那样的婀娜多姿。

像这样如玉的女人，永远是《诗经》里一道令人兴奋而愉悦的风景线。《郑风·有女同车》里记载着那位能够一起同行的叫做孟姜的美女的模样。"有女同行，颜如舜英，将翱将翔，佩玉将将。彼美孟姜，洵美且都。有女同行，颜如舜英，将翱将翔，佩玉将将。彼美孟姜，德音不忘。"透过这些诗句，我们可以看到春秋中叶之前的华夏大地上，佩玉之风已经日盛。这不，与我同车的那位姑娘，美得如同芙蓉花一样。身体轻盈得像要翱翔，佩戴的美玉闪烁发光。当她步履飘然如鸟般将飞的时候，那佩玉相撞发出铿锵的声音。这样的姑娘，有声有色，可爱娴雅怎能忘记？

听到玉佩的声音，你便想起了"玉帛之路"上一直关注着埙声、玉声的孙海芳，想起她想唱而一直没有唱出的歌谣："院子里长的泥韭菜呀，不要割呀，你让它立立地长着……"

她还在"玉帛之路"的考察笔记里专门写到了铿锵玉声。汉代的郑玄地《礼记正义·玉藻》里注疏说道，"玉声所中也，徵、角在右，事也，民也，可以劳。宫、羽在左，君也，物也，宜逸"。古人十分重视双珩着璜之佩玉的"五礼之秩"功能。在夏、殷、商代的双珩着璜之佩玉，已具有装饰性与定本黄钟音高等两种以上的功能。而到了周朝，则更发展为"古之君子必佩玉，右徵、角；左宫、羽，趋以《采齐》，行以《肆夏》，周还中规，进则揖之，退则扬之，然后玉锵鸣也"。举手投足之间，玉石相撞清脆悦耳。伴着端庄举止的，是优雅的玉音。佩玉的铿锵增强了青春的活力，佩玉的节奏显示了礼仪的秩序。

与之相同的，还有卫风中的《终南》篇：君子至止，黻衣绣裳，佩玉将将，寿考不忘。这是写君子佩玉的诗句。来到眼前的这位君子，黑青绣衣潇洒宽敞，配玉铿锵悦耳动听，祝你永远长寿安康。

《诗经》里，赠玉成风。而别离后睹玉亦思念成风。

"青青子佩，悠悠我思。纵我不往，子宁不来？挑兮达兮，在城阙兮；一日不见，如三月兮。"这是女子等待爱人时的焦急咏叹。

郎君啊，你赠给我的青青佩玉，牵动着我的悠悠情思。纵然我不能到你那里去，为什么你就不能快点来？来来往往一趟接着一趟，我独自在城楼上眺望。一日见不到你的身影啊，就像过了三个月那样漫长。

"丘中有李，彼留之子。彼留之子，贻我佩玖。"这同样是女子对情人的思念。

山丘中长满了李树，李树留住了我的爱人。李树留住了我的爱人，他赠我美丽的玉佩表达对我的爱情。那留氏之子赠送的佩玉，一直也是女子思念的寄托。

"投我以木瓜，报之以琼琚。匪报也，永以为好也。投我以木桃，报之以琼瑶。匪报也，永以为好也。投我以木李，报之以琼玖，匪报也，永以为好也。"男女相爱，以礼相赠。琼、琚、瑶、玖，形形色色的美玉都不足以表达彼此的爱情。

你送我木瓜，我回送你美玉；你送我红桃，我回送你琼瑶；你送我酥李，我回送你琼玖。可是，美玉、琼瑶、琼玖哪能算作是最好的报答呢？举起那爱的信物，让我们许诺，让我们永远永远地相好吧！像这样的，还有那"知子之来之，杂佩以赠之；知子之顺之，杂佩以问之；知子之好之，杂佩以报之"的诗句。

当玉在王侯权贵那里成为敬天礼地事王权的圣物的时候，那玉在民间，同样以一种不可亵渎的神圣成为象征真善美的灵物。

玉在《诗经》的河川里漂流，谱写着大爱大美的乐章。

五

"万物滋生，玉秉其精。体乾之刚，配天之清。故珍嘉在昔，宝用阁极，夫岂君子之是比，盖乃王度之所式，其为美也如此！当其潜光荆野，抱璞未理，众视之以为石，独见之于卞子，旷千载以遽弃，歘一朝而见齿，为有国之伟宝，荐神祇于明祀，岂连城之足云，喜遭遇于知己！知己之不可遇，譬河清之难俟。既已若此，谁亦泣血而别趾！"

这是晋代傅咸的《玉赋》。阅读这首诗，想起伟大的爱国主义诗人屈原，想起浪漫而现实的杰作《离骚》。

"世幽昧以眩曜兮，孰云察余之善恶。民好恶其不同兮，惟此党人其独异。户服艾以盈要兮，谓幽兰其不可佩；览察草木其犹未得兮，岂珵美之能当。"对，这是屈原《离骚》中的诗句。我知道，你很喜欢屈原。但是，这一次拿屈原来说玉，你会发现，《诗经》之风，是一个讲述爱与玉的故事的世界。而《离骚》，是讲述品与玉的故事的世界。

《相玉书》中说，珵者，美玉也。"珵大六寸，其耀自照。"《广韵》中也同样记载，珩谓之珵。珵和珩，同物异称，是一种佩玉，挂在身上，以玉音调节步行和动作的节奏。君子无故，玉不去身。佩玉是身份的象征，也是自励的载体。

"纷吾既有此内美兮，又重之以修能。"郁闷而执着的屈原在心里说，我是一块珵。

这是一种内美，一以贯之坚持到底的内美，永恒不变的内美。

乱世贼子耐我如何？奸党小人耐我如何？昏庸君王又耐我如何？"宁为玉碎"又能如何？这些构成了屈原灵魂深处的原质。引以为傲，超凡脱俗，卓尔不群，傲世不群。而象征这种道德情愫的，是珵玉。

孔子说："昔者君子比德于玉。"屈原以身佩之珩比德，正是看中了"其耀自照"的"内美"。那种内美，固执坚强地陪同屈原走完了一生，并在汨罗江里流传成千古不绝的壮丽诗篇，在千百年来一年一度的端阳节里完成了精神的传承、品德的流芳。试想，没有那块扎根在屈子心中的珵玉，华夏经典传统文化的园林里，将会失色几许？

说到这里，我看到了你抑制不住的兴奋。我知道你的心思，因为你读过屈子的许多诗篇，你感同身受，也许对屈子的理解更为真切而深厚。但是，这样毕竟不好。学识与修养有时是成正比的，有时不是这样的情况。拿你现在的样子来说，就是典型的缺乏"内美"。

是的，这样的"玉品"在屈原的精神世界里，是"有象之美"，是"小美"。你知道，在屈原的精神世界里，同样有一条绮丽光彩的"玉石之路"。

那条路上，其初是花，是草。那是楚地的风景，是小资情调。当路漫漫其修远兮，屈子不将上下而求索的时候，当屈子"惟兹佩之可贵兮，委厥美而历兹"的时候，他踏上了一条美丽而充满绝唱的"玉石之路"。

屈子转道要去昆仑山了。他去干什么？他说，周游天下。他是怎样行走的？清晨从天河出发，晚上就到达了西极。可是，在沿着昆仑东去的赤水畔，屈子无舟楫可渡。正在犹豫徘徊之时，屈子以玉示神，挥手让蛟龙用身躯搭桥，让西皇少昊皇帝接渡而去。之后，路过不周山，又向左转，直指那西海所在的地方了。在那里，《九歌》在奏，《韶》舞在跳。在那里，屈子还远远看到了自己的故乡……

守着山的高度，守着水的清凉，守着玉的节操，这是中国人守护心灵的又一种方式。玉，是一种慰藉，也是一种寄托。伴随着玉，诗人走过悲欢离合，希望迎来新的期盼。从楚地到昆仑的精神行走，这样的行走，是不是叶舒宪先生反复强调着的"东玉西传"？而这样的行走，在诗人笔下又是怎样的一种境界呢？

"折琼枝以为羞兮，精琼靡以为帐。"我要远游西天了，摘取玉树枝来作为我的美味啊，碾成琼玉的细末来做我的干粮。那不会腐朽的玉，是诗人预备的干粮。

"为余驾飞龙兮，杂瑶象以为车。"为我驾车的是那飞龙啊，美玉象牙装饰着我的车辆。在自傲的诗人眼里，君子比德于玉，那车，也将比德于玉。

"扬云霓之晻蔼兮，鸣玉鸾之啾啾。"开始行走了，那驾驭的"飞龙"啊，穿梭云海，车衡的玉铃发出啾啾的鸾和声。

"屯余车其千乘兮，齐玉驮而并驰。"在高高的太空里，以玉柱为车轮轴的瑶象之车啊，千辆并驰，浩浩荡荡奔向西极。

……就这样，诗人完成了中华诗词里最壮观的"玉石之路"行。

屈子之后，在这样的行走里，人来人往。有的人找到了精神的归宿，有的人实现了灵魂的救赎，有的人发现了生命的诗意。那玉，离开了故乡，带去了一种精神；那人，离开了故乡，在路上收获到了一种精神。吾心安处即故乡。在人与玉的交流中，每个人都建立起了属于自己的一个玉世界，一个精神的故乡。

"抑志而弭节兮，神高驰之邈邈……既莫足与为美政兮，吾将从彭咸之所居。"

屈子说，按捺我的情绪缓缓而行啊，精神却高飘远去不能追及。既然没人与我共行美政啊，我将追随彭咸精神而长存。

那种按捺，同样是一种玉的内美；那种"吾将从彭咸之所居"，更是"宁为玉碎、不为瓦全"的玉的情操。

铿锵美玉，闪烁在《离骚》的绝唱里，从古至今点燃着屈原式的灵魂。

玉坚重，声悦耳，质细腻，清润光泽，晶莹端美。自古以来，玉石就象征着高贵、纯洁、亲善和吉祥。人们用玉来敬天礼地，沟通天神，人们用玉送上祝福，用玉表达坚贞与忠诚，用玉象征文雅和永恒。用玉以赏心悦目，用玉以护身养颜……人影响了玉，玉感化了人。玉的光彩因人的喜爱而愈显绚丽，人的情操因玉的魅力而陶冶升华。

孔子尚玉。儒家把玉作为人格。玉石，便成了君子完美人格的化身，君子品格的象征。

孔子在《礼记》里说过这样一段话：昔者君子比德于玉焉。温润而泽，仁也。缜密以栗，知也。廉而不刿，义也。垂之如坠，礼也。叩之其声，清越以长，其终诎然，乐也。瑕不掩瑜，瑜不掩瑕，忠也。孚尹旁达，信也。气如白虹，天也。精神见于山川，地也。圭璋特达，德也。天下莫不贵者，道也。

针对君子如何以玉比德，诲人不倦的夫子给出了这样的回答。先圣从仁、知、义、礼、乐、忠、信、天、地、德、道十一个方面，一一美言玉之美德，并以玉示人，如何成为君子。

东汉的许慎又在《说文解字》中勾玄提要地进行了阐释。他说，玉乃石之美者，有五德：润泽以温，仁也。鰓理自外，可以知中，义也。其声舒扬远闻，智也。不挠而折，勇也。廉而不技，洁也。

纵观中华文明发展史，每个时代都有代表其时代特色的艺术作品。如商周青铜器、汉代丝绸、唐代金银器和宋元瓷器。但唯有一样不变的艺术追求，便是玉器。与之相对应，在人类发展的进程中，玉一直与人性相结合，融会贯通，水乳交融。华夏子女的语境里，写满了以玉比人、以玉喻事、以玉寄托理想的篇章——

玉是高尚人格的象征。"君子必佩玉""洁身如玉""温润如玉"，成为古人对人格的赞誉。从帝王到官士，君子必配玉，

| 苏武牧羊塑像

从而构成了华夏民族的最高价值观。

玉是高风亮节的比喻。在民族危难、黑云压城的紧要关头，仁人志士"宁可玉碎，不愿瓦全"，谱写了一曲曲民族气节的正气歌。有人说，中

草圣张芝塑像 |

国人哪怕战败了也叫宁为玉碎，这就是中华民族的看家东西。

玉传递着和平共处、友好往来的信息。"化干戈为玉帛"一直是黎民百姓最大的期盼和愿望。

玉是历尽曲折的光明归宿。"艰难困苦，玉汝于成"里洋溢着人生奋斗与成功时的喜悦与感慨。

穿越华夏文明史，以"宁为玉碎"的爱国气节、"化为玉帛"的和谐精神和"润泽以温"的君子风范为核心内容的玉文化光芒四射，彪炳千秋。在人人赞玉、爱玉、赏玉、佩玉、藏玉的行为中，玉文化静静地流入中华文明绵绵的血管里，成为中国人独特的精神象征。

六

千百年来，赏玉，让人度过一段恬静而温暖的时光。

千百年来，国人在玉里感悟着生命的真谛。玉，熏陶着民族的心灵，玉，散发出本真的清香。每个人都在修行着自己的玉道。

人人握灵蛇之珠，家家抱荆山之玉。不同的民族有着不同的信仰，

但因为和谐的玉，人们走到了一起，实现了民族的团结和复兴。

2013 年 9 月，习近平在上合组织成员国和观察国的会议上提出，有责任把丝绸之路精神传承下去。建造和平、增长、改革和文明的四座桥梁。在这里，政策沟通、道路联通、贸易畅通、货币流通、民心相通。

这样的使命，同样需要文明和谐的精神。好在，这条丝绸之路的古道上有着玉的精血和气脉。

2014 年的"玉帛之路"行是一次穿越千年的行走。叶舒宪认为，如果没有全盘贯通的知识视野和打通思考问题的高度，"玉帛之路"上那些古老的疑团是很难解开的。

你在考察随笔中同样提到，历史的真实，应当放置在大文化的背景下，走联合发掘、交流创新、共同复兴的路子。

因为有了"玉帛之路"，这一切都将成为现实。

重走"玉帛之路"，探索华夏文明，厘清核心价值。总行程长达 4300 公里的"玉帛之路"文化考察活动，是一次集结了考古学、人类学、文学、传播学、历史学等多学科专家学者参与的文化考察活动。这种跨学科的联合考察无疑有助于推进人们对于历史真相的把握，激发学术研究的灵感。易华先生说，这次考察活动做到了四通：东西通、古今通、学科通、官民通，确实是对史前文化——齐家文化的一次再发现之旅，也是寻找一条弘扬丝绸之路更深厚根脉的再发现之旅。

"丝绸之路"是沟通东西经济与文化的大动脉。叶舒宪提出了"丝绸之路""小传统"与"玉石之路""大传统"的论题，将丝绸之路时间段向前推移了两千年。古道还是那条古道，名称只是一个符号，玉和帛亦仅是一个载体。因为视角的差异，却实现了华夏文明史前文化的新书写，寻找到了失落的文化"大传统"。刘学堂关注"彩陶之路"，试图复原史前"丝绸之路"；易华致力于"青铜之路"研究，试图寻找中华文明发展的外在动力。三者的关注，拓展了"丝绸之路"的文化研究，丰富了"丝绸之路"的文化内涵。

在那条道上，熠熠生辉的齐家文化更是奠定了华夏文明的基调。在甘肃全力建设华夏文明传承创新区、打造"丝绸之路经济带黄金段"的关键时期，探寻齐家文化，既是华夏文明探源的重点，亦是华夏文明展示的关键。复兴"中国梦"亦将更多一份艳丽的色彩！

君看一叶舟，出没风波里。回首格玉，是一段旅程。从玉料的产地到无玉之地，路因玉而生。从对玉的期盼到创造属于自己的玉，人们在永不停息的脚步中，寻找传统，寻找希望。在路的尽头，一定有安放我们心灵的家园。

"我们可以沿着丝绸之路开创自己的生活。只要勇敢地走出去，走在路上，就会有新的收获。"《丝路，新起点的开始》的编导李文举说。

按下记忆的暂停键，从凉州七月降细雨，到飞雪落凉州。从真实的路上行走，到永远没有停歇的心路历程，我们相依相携，已经真正走过了5个月的光景。150多个日出日落里，无论是穿行在车马喧嚣的现代都市，还是站立于一望无垠的乡村田野，思绪从未停下飞翔的翅膀，从三皇到五帝，从中原到西域，从长穹到荒野，一个个遗址，一个个人物，一个个故事，古香古色，玉树临风，异常的丰富而寂寥，犹如玉之质、帛之绵。

玉帛，由此在心里扎根，开花。伴着史前的日头，悠悠的白云，远去的河流，还有今天的明月，今天的雪，今天的你和我。

谷水堂主人

一稿于 2014 年 12 月 12 日凌晨

二稿于 2014 年 12 月 28 日子夜

后 记

即将告别 2014 甲午马年的时候，我怀着恋恋的心情，送别那通灵老玉，停下了对"玉帛之路"的阶段性回忆和书写，长长地吁了一口气。

正是周末，冬日的凉州飞雪飘舞。透过谷水堂的窗子向外望去，夜晚的城市万籁俱寂。心情，也格外的轻松。

在这个时候，好想大叫一声，排出这几个月来昼夜无明的辛劳，排出行进在书写之旅中的窒息和压力。好想给远方的朋友打个电话，告诉他们，我已艰难地完成了一次知其不可为而为之的挑战，谢谢朋友们的激励和支持。好想发一条微信，让更多的朋友与我共享挑战的喜悦和阶段性的进步。但是，我让所有的"好想"都只是停留在了"好想"的状态。然后在短暂的歇息后进行清理、反观，开始了新的行走。

我深深地知道，自己是一只笨鸟。对于 2014 年夏季那场高大上的"玉帛之路"考察团的文化之旅及其之后的书写，我是远远没有那样的能力和道行。

在考察团成员中，除了我的两位同事之外，我是唯一一个工作生活在基层、纯粹谈不上是文化人或者专家学者之类的成员。或者客气一点说，我是那种最大优势就在于最能"接地气"的那一类。对于这样一个层次的成员来说，谈不上考察，谈不上研究，更谈不上去完成一个宏大的书写。我亦绝无狐假虎威、沽名钓誉、玩弄学术之意。我只有一个念头，积极尝试，挑战自己。就像我自己所说过的那样，要谋求自我的格局。一个人有多大的格局，注定了他有多好的结局。但是，我一直坚信，人的格局不是生来就决定的，人的格局也不是一成不变的。心若不动，风又奈何？你努力了，便是无憾。开怎样的花，结怎样的果，我们都不能强求太多。关键在于，我们怎样执着地、坚实地成长过。这就是我咬紧牙关完成这一次书写的真正原因。

我同时也知道，自己是一个庸庸碌碌的事务主义者。处女座的完美主义在潜意识里操纵着我一生的匆匆忙忙，过于认真负责的人生态度总是让我自己与自己在不断地较劲。伴随着风声雨声读书声的，总是家事公事琐碎事，事事操心，事事碎心，导致我终日疲于奔命。我知道，这样的工作生活方式纯粹不是研究、思考的状态。但是，挑战摆在那里，不死的心跳跃在那里。我别无选择。面对单位的事务，白天的工作忙忙碌碌，同事们嬉戏我是当大夫的在一个一个的预约中"开药方"。面对来自各界的应酬和帮忙，我无法拒绝，也无法在解释中开脱。属于我的时间，便是晚上夜深人静的子夜时分和黎明即起前的破晓时刻。就是在这样的状态下开始书写，还不能完全放纵自己。因为"开夜车"会影响了次日的工作，而媒体宣传基本上是零容忍、高效率的节奏。还有十分不佳的身体状态，心律失常、腰脊劳损。在几度欲罢的时刻，是"玉帛之路"行中的专家学者朋友给了我无言的激励，是挑战自我的毅力和韧性帮助我超越了自我。就这样，我像昔日"玉帛之路"上的骆驼或者筏子那样缓慢地走过了一站又一站。

完稿了。不知道这样的书写是否符合这次考察活动的意图和要求，内心有一丝忐忑。面对这样宏大的课题，可以说自己是一个完全的外行。走进这个团队，必须要真诚地感谢我的挚友冯玉雷先生。起初的意思，玉雷兄希望我参与活动后制作纪录片。但是走进这个圈子，便人模人样地混到了"学者型"的行列，做起了考察式的文字纪录。然后，再考虑着去做属于自己本职的电视片的制作。其实，这二者之间并不矛盾。因为没有对这些专业的了解，我是实在没有能力去完成一部合乎标准的电视片的制作的。从这个意义上说，这一次的书写算是一个真正意义上学习训练的过程。一章一节地写过，一不小心写了14万多字。可以肯定地说，这里面存在着许多的不足和缺憾，甚至还有差错和失误。诚惶诚恐地奉上，就像一个上交了作业的学生一样，等待着老师的批评和指导。

及格也罢，不及格也罢，我很欣慰。因为在这样的"玉帛之路"上，我和大家共同走过。一路同行，我认识和深交了那么多的专家学者和朋友：平易近人的郑欣淼部长，为学术而流泪的叶舒宪先生，雷厉风行、志虑忠纯的冯玉雷总编，关注夏羊、胡箕的易华研究员，低调幽默的刘学堂教授，仕文皆优的卢法政书记，真诚执着、向往藏地的美女作家孙海芳，清纯可爱、博学多识的小妹妹安琪博士，默默奉献的摄影师兼后勤部长军政兄。还有我的同事冯旭文、何成裕和我的孩子徐万里，还有参与后期纪录片制作的袁洁、赵建平和高应强等。窥一斑而知全豹。对同行者的学术成果和专业建树而钦佩，对同行者的敬业精神和人生态度而感动。同时，一并对引用同行者的学术研究材料谨表谢忱。

在路上，我将携各位的激励继续前行！

徐永盛　2014.12

参考书目

1. 中央电视台. 敦煌. 北京:中国传媒大学出版社,2010.

2. 胡杨,王金. 中国河西走廊. 兰州:甘肃人民美术出版社,2010.

3. 李宏伟. 瓜州历代诗歌选. 轩辕出版社,2006.

4. 王红旗. 山海经鉴赏辞典. 上海辞书出版社,2012.

5. 王红旗. 山海经十日谈. 上海辞书出版社,2014.

6. 陈桥驿,王东译注. 水经注. 北京:中华书局,2014.

7. 邵士梅注译. 山海经. 西安:三秦出版社,2008.

8. 马兆锋. 女娲的指纹. 北京工业大学出版社,2015.

9. 沈建华,徐永盛. 武威旅游. 兰州大学出版社,2001.

10. 沈建华,徐永盛. 武威瑰宝. 兰州大学出版社,2001.

11. 徐永盛. 谷水之恋. 北京:中国电影出版社,2014.

12. 潘桂明. 佛教大百科. 大众出版社.

13. 欧阳云飞编著. 道德经的智慧全集. 北京:中国戏剧出版社,2005.

14. 许海山. 中国历代诗词曲赋大观. 北京:燕山出版社,2007.

15. 季成家. 丝绸之路(珍藏版). 兰州:甘肃文化出版社,2008.

16. 熊玉莲,丰继平. 佩戴器编·古代玉器. 南昌:江西美术出版社,

2010.

    17. 令平. 中国史前文明. 北京：中国文史出版社,2012.

    18. 玲珑. 古玉收藏与鉴赏. 北京：新世界出版社,2014.

    19. 马兆锋. 血色青铜. 北京工业大学出版社,2014.

    20. 张志纯,王爱琴. 高台史话. 兰州：甘肃文化出版社,2009.